非线性系统识别与结构损伤检测

Nonlinear System Identification and Structural Damage Detection

李英超　张　洁　著

东南大学出版社

SOUTHEAST UNIVERSITY PRESS

·南京·

图书在版编目(CIP)数据

非线性系统识别与结构损伤检测 / 李英超,张洁著
. — 南京：东南大学出版社，2023.10
ISBN 978 - 7 - 5766 - 0948 - 6

Ⅰ. ①非… Ⅱ. ①李… ②张… Ⅲ. ①无损检验
Ⅳ. ①TG115.28

中国国家版本馆 CIP 数据核字(2023)第 210351 号

责任编辑:贺玮玮 责任校对:韩小亮 封面设计:贺玮玮 责任印制:周荣虎

非线性系统识别与结构损伤检测

Feixianxing Xitong Shibie Yu Jiegou Sunshang Jiance

著　者:李英超　张　洁
出版发行:东南大学出版社
社　　址:南京市四牌楼 2 号　　邮编:210096
出 版 人:白云飞
网　　址:http://www.seupress.com
经　　销:全国各地新华书店
印　　刷:广东虎彩云印刷有限公司
开　　本:787 mm×1092 mm　1/16
印　　张:10.75
字　　数:230 千
版　　次:2023 年 10 月第 1 版
印　　次:2023 年 10 月第 1 次印刷
书　　号:ISBN 978 - 7 - 5766 - 0948 - 6
定　　价:59.00 元

前　言

在环境荷载长期作用下,工程结构容易产生各种损伤。损伤的发生可能会导致结构抗力衰减,严重的甚至会引起整体结构的破坏和倒坍,引发灾难性事故。为了工程结构的安全运营,避免重大恶性事故的发生,有必要对重要的结构设施开展健康监测和安全评估。

损伤识别是结构健康监测的核心,也是该领域具有挑战性的研究课题。近年来,随着现代传感技术、信号采集和处理技术、信息融合以及系统建模技术的日益精确和完善,基于振动测试的结构损伤识别方法取得了快速发展,并已成为一门适应工程需要的各学科交叉的综合学科,在航空航天、土木工程和机械工程等领域已有深入的研究。在结构损伤辨识、定位和定量方面,学者们做了大量的研究,提出了很多方法,但大多数方法仍处于理论或模型实验研究阶段,离实际工程应用尚有一段距离。另外,现有的损伤识别方法大多基于线性振动理论,而实际工程结构的振动响应通常存在不同程度的非线性,且常见的结构损伤(如裂缝的开合、连接的松动、损伤的累积等)也会加剧结构的非线性,而这些非线性的发展进一步加剧了结构动力响应的复杂性,也增加了结构健康监测的难度。针对这一问题,学者们基于非线性振动和非线性系统识别理论,提出了一些损伤识别方法,但多数理论方法尚不成熟,暂时无法应用于复杂结构的健康监测中。基于此,本书汇集了著者及团队成员近5年来在基于非线性系统识别的结构损伤检测领域取得的研究成果,反映该类研究的可行性和必要性,力求抛砖引玉,希望得到同行们的认可。

本书以非线性系统识别和损伤诊断为主线,通过7章(除1、2章)内容来介绍几种不同的非线性系统识别方法在结构损伤识别中的应用,并通过数值和实验算例对方法的可行性进行验证。第3、4章是从信号统计分析的角度来开展非线性检测及损伤识别,其中第3章直接利用振动响应的时域基本统计量来构建对损伤敏感的非线性指标函数,而

第4章则是在对结构振动响应的功率谱和高阶谱分析的基础上,进一步开展统计分析,构建非线性指标函数,开展结构损伤检测。第5～7章均是基于信号的相干性分析开展的非线性检测和损伤识别研究,其中第5章利用传统的相干函数构建了结构损伤检测指标和损伤定位指标;在此基础上,第6章提出了一种新的非线性指标函数构建方法(信号段交叉相干函数法),通过将信号分段并分析信号段间的相干性来识别结构的非线性,从而开展结构损伤识别;与前两章有所不同,第7章利用时域相干函数来分析信号的相似性,并提出了基于短时时域相干函数的损伤识别方法。第8章借助于希尔伯特变换研究了非线性系统振动响应瞬时特征的估计方法及回复力、阻尼力的识别方法,利用瞬时特征的频谱特性和回复力刚度开展了结构损伤识别研究,其中值得注意的是振动响应的瞬时特征中含有丰富的非线性信息,如谐波畸变、调幅调频、刚度软化/硬化等,通过定量这些信息可构建出对结构损伤敏感的非线性指标函数。最后一章介绍了一种基于Volterra-Wiener 模型的非线性系统辨识方法,将核函数作为基本特征量开展相干性分析,利用相干函数的统计参数构建指标开展结构损伤识别研究。

　　本书涉及的成果大部分取自著者所发表的论文及团队内研究生的毕业论文,定稿由李英超和张洁完成。研究过程得到了国家自然科学基金(51809134)、山东省海洋工程重点实验室开放基金(kloe202303)和江苏科技大学博士科研启动基金项目的支持,作者谨表示衷心感谢。限于水平,书中难免有不妥和谬误之处,敬请读者批评指正,更欢迎同行开展深入讨论和合作研究。

目　录

1

绪　论

1.1　研究背景

在外界环境荷载长期作用下,工程结构容易产生裂纹、腐蚀、连接松动等损伤。损伤的发生将会导致结构抗力衰减,严重的甚至会引起整体结构的破坏和倒塌,从而引起灾难性事故[1-2]。为了保障桥梁、海洋平台等重大工程结构的安全运营,避免重大恶性事故的发生,有必要对重要的结构设施开展健康监测和安全评估。

图 1.1　工程结构损伤事故

损伤识别是结构健康监测的核心,也是该领域具有挑战性的研究课题。近年来,随着现代传感技术、信号采集和处理技术、信息融合以及系统建模技术的日臻精确和完善,基于振动测试的结构损伤识别方法取得了很大发展,并已成为一门适应工程需要的各学科交叉的综合学科,在航空航天、土木工程和机械工程等领域已有深入研究和广泛应用[3-4]。其基本原理是利用结构振动特性的变化,识别结构的损伤,反推结构的物理参数,从而诊断结构的健康性[5]。最突出的优点是利用环境激励下的动力响应开展结构损伤检测/监测,检测过程不影响结构的正常使用[6-8],因此在结构健康监测中具有较好的应用前景。

在结构损伤辨识、定位和定量方面,学者们做了大量研究,发现了一些方法,但大多数方法仍处于理论或模型实验研究阶段,离实际的工程应用尚有一段距离。另外,现有的损伤识别方法大多基于线性振动理论,而实际工程中结构的振动响应通常存在不同程度的非线性,且多数损伤的发生(如裂缝开合以及损伤的累积过程)会加剧结构的非线性效应,而这些非线性的发展进一步加剧了结构动力响应的复杂性,也增加了结构健康监测的难度[9,10]。针对这一问题,学者们基于非线性振动理论,提出了一些损伤识别方法,但多数理论方法尚不成熟,难以实现非线性结构损伤的准确识别,也暂时无法应用于大型复杂结构的健康监测中。因此,研究非线性损伤结构的振动特性,建立可靠的损伤识别理论和方法,对于结构的健康监测和安全评定具有重要的理论意义和工程应用价值。

1.2　研究现状

结构损伤识别是近半个世纪发展起来的一门新兴学科,也是一门适应工程需要而形成的多学科交叉的综合学科。目前常用的损伤识别方法可分为两类:局部检测方法和整体检测/监测方法。其中,局部检测方法(如 X 射线、超声波、热成像法等[11])虽然比较成熟、应用比较直观,但成本较高、效率较低、时效性差,不能及时发现损伤[12]。对于体型庞大、视觉观测条件较弱的结构(如海洋工程结构)来说并不适用。与此相反,基于振动测试的结构整体检测/监测方法日益受到国内外学者的关注,并已成为研究的热点。该类方法利用结构的动力测试信号检测/监测结构的整体损伤状况,其费用低、效率高,且不需要中断结构的使用,相较于传统的局部检测方法具有很大的优势。以下将对整体检测/监测方法的研究现状进行综述与分析。

1.2.1　基于振动测试的结构损伤识别

近年来,基于振动测试的损伤识别方法在航空航天、土木工程、机械工程和海洋工程等不同领域均产生了大量的研究成果[3-5]。根据研究目标的不同,可将其分成四个层次:Ⅰ.确定结构是否发生损伤;Ⅱ.确定损伤的位置;Ⅲ.识别损伤的程度;Ⅳ.预测结构的剩余寿命[6,13]。一般来说,前三个层次属于损伤识别的研究范畴。目标层次越高,方法的智能性就越高,难度也越大。根据使用数据的不同,又可将现有的方法分成三大类:基于时域数据的方法、基于时-频域数据的方法和基于模态数据的方法[14]。

(1)基于时域数据的方法

基于时域数据的方法又被称为数据驱动的方法,利用结构振动响应在局部时间域上的特性或在一段时间域上的统计特性来识别结构的损伤。此类方法起步较早,且目前仍是国内外学者的研究热点,如 Mei 等[15]利用时间序列模型来诊断和定位结构的损伤;张学恒[16]利用 ARMA 模型(自回归滑动平均模型)、支持向量机(SVM)等进行结构损伤识别。该类方法不需要任何数据转换,因此与损伤相关的信号特征不会被扭曲或过滤掉。但有些方法噪声鲁棒性较差,与损伤有关的信息很容易被噪声信号掩盖;另外,激励源和环境状态的改变也可能会导致某些方法失效[14]。

(2)基于时-频域数据的方法

基于时-频域数据的方法通过同时利用时域和频域数据来获得更多的损伤信息。小波分析是目前研究较多的一类时-频数据处理方法[14],常见的有基于小波奇异性检测的方法、基于小波变换系数变化的方法和基于小波包变换的方法等[7,12,14,17]。此类方法不但可以定位损伤,而且可以提供损伤发生的时间;另外,小波和小波包变换可实现振动信号和噪声的分离,提高损伤识别精度。目前该类方法多用于第Ⅰ、Ⅱ层面的损伤预警或初步定位[7,12],更进一步的研究需要对现有方法进行优化改进或提出更加高效的时频分析方法。

（3）基于模态数据的方法

基于模态数据的方法利用结构损伤前后模态信息的变化来构建数学模型,从而定位和定量结构的损伤。根据所采用的模态数据的不同,可以分为基于频率的方法[18]、基于振型的方法[19]、基于频响函数的方法[20]、基于应变模态的方法[21]和基于模态应变能的方法[13,22]等。该类方法可实现更高层面(Ⅱ、Ⅲ层面)的损伤识别,其最突出的优点是物理意义明确、计算效率较高。近年来学者们就此类方法开展了深入的研究,如 Wang 等[22,23]采用模态应变能法和模型修正法等对结构的损伤识别进行了研究;Tang 等[24]对老龄海洋平台的健康监测和早期损伤预警进行了研究。当然,这类方法也存在一些不足,如有些方法对小损伤不敏感,容易被环境因素和噪声影响所掩盖;有些方法对模态信息的完备性要求较高;有些方法则对有限元模型依赖性较大等。近年来,包括笔者在内的众多学者针对这些问题开展了相关的研究[25-31],提出了一些有效的方法,从一定程度上改善了该类方法的鲁棒性,也提高了损伤识别的精度。

综上,基于振动测试的损伤识别方法已得到国内外学者广泛而深入的研究关注,产生了大量的研究成果,但各类方法在实际应用中仍然存在着很大的缺陷,即对一些典型的结构损伤不敏感,如裂缝开合、边界条件的改变等。主要原因在于损伤(尤其是小损伤)通常是局部性的,对结构的整体振动特性,如频率、振型等可能影响不大;还有些损伤会引起结构振动的非线性效应,而现有的研究大多局限于线性损伤模拟,即简单地采用刚度折减的方法,并不能反映该类损伤在时域内的演化特征;另外,实际结构具有不同程度的非线性,而现有的损伤识别方法大多基于线性理论,所以在实际应用中的效果并不理想。因此,发展非线性结构损伤识别技术更符合实际工程的应用条件。

1.2.2 基于非线性系统识别的结构损伤识别

根据结构损伤后是否会出现非线性行为,学者们将损伤分为线性损伤和非线性损伤[32]。长期以来,各类损伤识别方法的研究对象主要集中于前者,而对于非线性损伤的研究尚不成熟,现有的研究一般将其转化为非线性系统的识别问题,采用的方法主要有三类:基于非线性指标函数的方法、基于非线性动力系统理论的方法和基于非线性动力系统识别的方法[33]。

（1）基于非线性指标函数的方法

基于非线性指标函数的方法是目前研究最多的一类非线性损伤识别方法。当结构初始状态表现为线性时,可以将结构的非线性指示函数用作特征量来识别结构的损伤[6]。目前常用的非线性指标函数法有基于信号基本统计特征(如均值、方差、均方差、偏度、峰度等)的方法[34]、相干函数法[35]、谐波畸变法[36]、频响函数畸变法[37]、希尔伯特变换法[38]、线性(非线性)时间序列模型法[10,39]和高阶谱分析法[40]等。该类方法直接利用响应信号来提取结构的非线性指标,计算简单、效率高,但是一般只能用于第Ⅰ层面的结构损伤辨识,无法实现损伤的精确定位和损伤程度的识别。另外,一些非线性指标函数只能指示结构非线性的产生,无法区分非线性是否来源于损伤,且非线性指标的精确性很大程度上取决于所采用的信号分析方法[33]。

根据以上方法所采取的信号分析手段的不同,又可将其分为时域分析法[39,41,42]、频域分析法[43-45]和时-频分析法。其中时-频分析方法可以得到结构系统的时域特征及频域特征,较时域分析法和频域分析方法而言,可以得到更全面的系统信息,在非线性损伤识别领域是一个行之有效的方法。目前常用的非线性时频分析方法主要有:小波分析法[46]和希尔伯特-黄变换(HHT)[47]。这两种方法在分析非线性、非平稳信号方面具有一定的优势。然而,研究显示,该类方法仍然存在很多问题,如小波分析中,小波基不易确定,而且缺乏统一的标准;HHT虽然可以利用经验模态分解得到信号的时-频信息,但理论本身并不完善,具体表现为能量谱在低频部分存在巨大差异和低频固有模态函数分量的端点瞬时能量发散。以上时-频分析法的不足直接影响到非线性指标函数的准确性,从而影响损伤识别的精度。

(2) 基于非线性动力系统理论的方法

基于非线性动力系统理论的方法主要利用非线性混沌振动响应特征来识别损伤,基本思想是通过重构与待测系统等价的吸引子,进而量化混沌吸引子几何特征与结构状态的对应关系,以此来识别和量化结构的非线性损伤,其中混沌吸引子和相空间重构为该类方法应用于实际提供了可能。

更多的研究是将混沌信号激励下的结构视为混沌信号的"滤波器",不同损伤状态对应不同滤波参数,滤波后的混沌信号将表现出不同的吸引子几何特性,如关联维数变化等[48]。Jalili 等[49]利用洛伦兹混沌激励,研究了含裂纹板的混沌吸引子特性,利用李雅普诺夫指数来构建非线性预测误差,从而估计损伤程度;Dubey 等[50]用混沌激励和时间序列统计分析研究了梁裂缝的识别问题;宋锐[51]也开展了基于混沌激励的结构损伤识别研究,证实了基于混沌的非线性损伤识别方法在结构健康监测领域的巨大潜力。然而,这类方法在实际应用中仍然受到限制,如混沌响应特征量,如分形维、李雅普诺夫指数、功率谱、熵等,不是损伤的单调函数,且还会受到激励频率等的影响,因此难以定量损伤。

混沌激励虽然具有宽频、低维的特点,但在大型海洋工程结构中难以实施。鉴于此,Nichols[52]应用环境激励下海洋平台结构的响应,重构相空间,并根据其拓扑变化来量化结构损伤;梁永涛[53]利用移动荷载作用下,响应在重构相空间中拓扑结构的突变来构建损伤指标,量化识别结构损伤。以上研究证明了非混沌激励下相空间重构在损伤识别中的实用性,结果显示该类方法既适用于线性系统,又适用于非线性系统。但现有的方法一般只能检测损伤是否发生,尚不能实现损伤的定位和定量。

(3) 基于非线性动力系统识别的方法

基于非线性动力系统识别的方法一般将损伤识别问题转化为非线性动力系统的参数估计问题。利用非线性模型参数识别结果来表征结构损伤的位置和程度。如 Ebrahimian 等[9]利用非线性系统识别和非线性模型修正方法来识别结构的非线性损伤;许斌[54]等利用非线性回复力来表征非线性结构损伤,通过回复力识别来诊断损伤的发生。理论上来说,非线性系统识别为非线性结构损伤的高层次识别(II. 定位,III. 定量)提供了可能。然而该类方法受非线性模型本身的精确性影响较大,对于损伤的发生和发展过程,往往难以通过某一个非线性模型精确描述,因此容易导致损伤识别误差,甚至发生错误;另外,大多数方法均需要基于完整的结构激励和响应信息,如回复力曲面法、直接参数识别法等,然而受测试环境和条件的限制,用于系统识别的时域信息,尤其是激励信号,往往难以全部获得。

1.3　本书主要研究内容

本书以连接松动、呼吸裂纹等常见的结构损伤为研究对象,通过理论分析、数值模拟和物理模型实验,探讨基于非线性指标函数和非线性系统识别的损伤诊断方法。

具体内容简述如下:

第1章对本书内容的研究背景,以及基于振动测试的结构损伤识别方法和基于非线性系统识别的结构损伤识别方法进行了综述和总结。

第2章简单回顾了非线性振动的一些基础知识,并介绍了非线性振动的一些基本特性。

第3章研究了基于非线性振动响应基本统计量的结构损伤识别方法。采用双线性模型来模拟连接松动损伤,并通过数值算例,探讨了不同激励荷载作用下,振动响应信号的基本统计量对损伤的敏感性;继而优选敏感性参数来构建指标函数,从而实现连接松动损伤的辨识。

第4章对时间序列的高阶矩、高阶累积量和高阶谱进行了回顾,根据双谱和双相干函数的基本特性,介绍了非高斯、非线性检验的方法;基于统计假设检验,利用双相干函数的基本统计特征,构建了一无量纲非线性指标函数。该指标函数除了能指示非线性(损伤)的产生,还能反映非线性(损伤)程度的相对大小。

第5章探讨了基于相干函数的结构损伤识别方法。利用振动响应信号间的相干性定义了相对损伤函数,构建了两种损伤识别指标,用于结构线性、非线性损伤的检测与定位,并通过数值模拟和物理模型实验,对方法的有效性和实用性进行了验证。

在相干函数法的基础上,第6章给出了一种新的非线性指标函数——信号段交叉相干函数,它可以直观、定量地识别出信号中非线性的存在。通过多测点间指标值的对比,构建了一种非线性损伤定位指标,并开展了相应的数值研究和物理模型实验研究。

第7章介绍了一种基于短时时域相干函数的非线性损伤识别方法。在传统的时域相干函数的基础上,通过引入窗函数,得到了短时时域相干函数,并定义了峰值相干函数;基于此,构建了两种新的损伤识别指标,可利用自由振动响应信号对线性、非线性损伤进行检测和定位。

第8章以含裂纹梁为研究对象,利用希尔伯特变换来分析自由振动响应的瞬时特征;根据瞬时特征参数的时频特性,构建了多个损伤指标函数;最后通过对双线性系统非对称回复力的识别,实现对损伤程度的估计。

第9章介绍了基于Volterra-Wiener模型的非线性系统辨识方法。利用短时时域相干函数法分析结构损伤前后Volterra核函数的变化,以此来构建特征指标识别结构的线性和非线性损伤。根据白噪声激励下Volterra核函数的统计特性,提出了两种损伤辨识方法:阈值法和统计法,并利用数值算例对这两种方法的有效性和各特征指标的敏感性进行了探讨。

本书是笔者近几年对非线性系统识别与结构损伤检测研究的一个总结,研究内容得到了国家自然科学基金项目(51809134)、山东省自然科学基金项目(ZR2017MEE007)、山东省海洋工程重点实验室开放基金(kloe202303)和江苏科技大学博士科研启动基金项目的资助。

参考文献

[1] TIAN X J, LIU G J, GAO Z M, et al. Crack detection in offshore platform structure based on structural intensity approach[J]. Journal of Sound & Vibration, 2017, 389: 236-249.

[2] HAERI M H, LOTFI A, DOLATSHAHI K M, et al. Inverse vibration technique for structural health monitoring of offshore jacket platforms[J]. Applied Ocean Research, 2017, 62: 181-198.

[3] CHANG K C, KIM C W. Modal-parameter identification and vibration-based damage detection of a damaged steel truss bridge[J]. Engineering Structures, 2016, 122: 156-173.

[4] DAS S, SAHA P, PATRO S K. Vibration-based damage detection techniques used for health monitoring of structures: A review[J]. Journal of Civil Structural Health Monitoring, 2016, 6(3): 1-31.

[5] LI Y Y, CHEN Y. A review on recent development of vibration-based structural robust damage detection[J]. Structural Engineering & Mechanics, 2013, 45(2): 159-168.

[6] 朱宏平, 余璟, 张俊兵. 结构损伤动力检测与健康监测研究现状与展望[J]. 工程力学, 2011, 28(2): 1-11.

[7] ASGARIAN B, AGHAEIDOOST V, SHOKRGOZAR H R. Damage detection of jacket type offshore platforms using rate of signal energy using wavelet packet transform[J]. Marine Structures, 2016, 45: 1-21.

[8] WANG P, TIAN X, PENG T, et al. A review of the state-of-the-art developments in the field monitoring of offshore structures[J]. Ocean Engineering, 2018, 147: 148-164.

[9] EBRAHIMIAN H, ASTROZA R, CONTE J P, et al. Nonlinear finite element model updating for damage identification of civil structures using batch Bayesian estimation[J]. Mechanical Systems & Signal Processing, 2017, 84: 194-222.

[10] 马家欣, 许飞云, 黄凯, 等. 非线性自回归模型辨识及其在结构损伤识别中的应用[J]. 振动与冲击, 2017, 36(20): 118-124.

[11] 陈长征, 罗跃纲, 白秉三, 等. 结构损伤检测与智能诊断[M]. 北京: 科学出版社, 2001.

[12] 李爱群, 缪长青. 桥梁结构健康监测[M]. 北京: 人民交通出版社, 2009.

[13] HU S L J, LI H J, WANG S Q. Cross-modal strain energy method for estimating damage severity[J]. Journal of Engineering Mechanics, 2006, 132(4): 429-437.

[14] 段忠东, 闫桂荣, 欧进萍. 土木工程结构振动损伤识别面临的挑战[J]. 哈尔滨工业大学学报, 2008, 40(4): 505-513.

[15] MEI Q, GÜL M. A fixed-order time series model for damage detection and localization[J]. Journal of Civil Structural Health Monitoring, 2016(5): 1-15.

[16] 张学恒. 基于时间序列分析的结构损伤识别研究[D]. 重庆: 重庆大学, 2014.

[17] BALAFAS K, KIREMIDJIAN A S, RAJAGOPAL R. The wavelet transform as a Gaussian

process for damage detection[J]. Structural Control & Health Monitoring, 2018, 25(2): e2087.

[18] XIANG J, LIANG M, HE Y. Experimental investigation of frequency-based multi-damage detection for beams using support vector regression[J]. Engineering Fracture Mechanics, 2014, 131: 257-268.

[19] YAZDANPANAH O, SEYEDPOOR S M, BENGAR H A. A new damage detection indicator for beams based on mode shape data[J]. Structural Engineering & Mechanics, 2015, 53(4): 725-744.

[20] HAKIM S J S, RAZAK H A. Frequency response function-based structural damage identification using artificial neural networks: A review[J]. Research Journal of Applied Sciences Engineering & Technology, 2014, 7(9): 1750-1764.

[21] XU Z D, ZENG X, LI S. Damage detection strategy using strain-mode residual trends for long-span bridges[J]. Journal of Computing in Civil Engineering, 2015, 29(5): 04014064.

[22] WANG S, LIU F, et al. Modal strain energy based structural damage localization for offshore platform using simulated and measured data[J]. Journal of Ocean University of China, 2014, 13(3): 397-406.

[23] WANG S. Damage detection in offshore platform structures from limited modal data[J]. Applied Ocean Research, 2013, 41(41): 48-56.

[24] TANG Y, QING Z, ZHU L, et al. Study on the structural monitoring and early warning conditions of aging jacket platforms[J]. Ocean Engineering, 2015, 101: 152-160.

[25] LI H J, YANG H Z, HU S L J. Modal strain energy decomposition method for damage localization in 3D frame structures[J]. Journal of Engineering Mechanics, 2006, 132(9): 941-951.

[26] LI Y C, WANG S Q, ZHANG M, et al. An improved modal strain energy method for damage detection in offshore platform structures [J]. Journal of Marine Science and Application, 2016, 15(2): 182-192.

[27] LI Y C, ZHANG M, YANG W L. Numerical and experimental investigation of modal-energy-based damage localization for offshore wind turbine structures[J], Advances in Structural Engineering, 2018, 20: 1-16.

[28] 李英超, 张敏, 王树青. 采用两步式模型修正过程识别海上风电支撑结构的损伤[J]. 海洋工程, 2016, 34(3): 28-37.

[29] WANG S Q, LI Y C, LI H J. Structural model updating of an offshore platform using the cross model cross mode method: an experimental study [J]. Ocean Engineering, 2015, 97: 57-64.

[30] 李英超, 王树青, 张敏. 正则化方法在结构模型修正中的应用研究[J]. 中国海洋大学学报, 2016, 46(9): 107-115.

[31] 李英超, 王树青, 石云. 基于不完备、含噪声模态参数的梁式结构损伤识别方法研究[J]. 公路交通科技, 2016, 33(11): 76-85.

[32] DOEBLING S W, FARRAR C R, PRIME M B. A summary review of vibration-based damage identification methods[J]. The Shock and Vibration Digest, 1998, 30(2): 92-105.

[33] FARRAR C R, WORDEN K, TODD M D, et al. Nonlinear System Identification for Dam-

age Detection[J]. Technical Report，2007.

[34] 朱军华，余岭. 基于时间序列分析与高阶统计矩的结构损伤检测[J]. 东南大学学报（自然科学版），2012，42(1)：137-143.

[35] 张宇飞，王山山，甘水来. 基于随机振动响应相干函数的梁结构损伤检测[J]. 振动与冲击，2016，35(11)：146-150.

[36] KALTUNGO A，SINHA J. A comparison of signal processing tools：Higher order spectra versus higher order coherences[J]. 2015，3(4)：461-472.

[37] HUANG H，MAO H，ZHENG W，et al. Study of cumulative fatigue damage detection for used parts with nonlinear output frequency response functions based on NARMAX modelling [J]. Journal of Sound & Vibration，2017，411：75-87.

[38] FELDMAN M，BRAUN S. Nonlinear vibrating system identification via Hilbert decomposition[J]. Mechanical Systems & Signal Processing，2017，84：65-96.

[39] CHEN L J，YU L. Structuralnonlinear damage identification algorithm based on time series ARMA/GARCH Model[J]. Advances in Structural Engineering，2013，16(9)：1597-1610.

[40] SHIKI S B，SILVA S D，TODD M D. On the application of discrete-time Volterra series for the damage detection problem in initially nonlinear systems[J]. Structural Health Monitoring，2016，16(1)：62-78.

[41] 陈锋. 卡尔曼滤波和卡尔曼预测方法的改进及其在结构损伤识别中的应用[D]. 厦门：厦门大学，2014.

[42] ZHANG M W，WEI S，PENG Z K，et al. A two-stage time domain subspace method for identification of nonlinear vibrating structures[J]. International Journal of Mechanical Sciences，2017，120：81-90.

[43] SHIKI S B，SILVA S D，TODD M D. On the application of discrete-time Volterra series for the damage detection problem in initially nonlinear systems[J]. Structural Health Monitoring，2016，16(1)：62-78.

[44] KALTUNGO A，SINHA J. A comparison of signal processing tools：higher order spectra versus higher order coherences[J]. [s. n.]，2015，3(4)：461-472.

[45] 屈文忠，张梦阳，周俊宇，等. 螺栓松动损伤的亚谐波共振识别方法[J]. 振动、测试与诊断，2017，37(2)：279-283.

[46] 刘小靖，王加群，周又和，等. 小波方法及其非线性力学问题应用分析[J]. 固体力学学报，2017，38(4)：287-311.

[47] 王立岩. 基于 Hilbert-Huang 变换的结构非线性识别研究[D]. 大连：大连理工大学，2015.

[48] NICHOLS J M，TODD M D，SEAVER M，et al. Use of chaotic excitation and attractor property analysis in structural health monitoring[J]. Physical Review E，2003，67：016209.

[49] JALILI S，DANESHMEHR A R. Application of chaotic attractor analysis in crack assessment of plates[J]. Results in Physics，2018.

[50] DUBEY C，KAPILA V. Detection and characterization of cracks in beams via chaotic excitation and statistical analysis[M]// Banerjee S，Mitra M，Rondoni L. Applications of chaos

and nonlinear dynamics in engineering-Vol. 1. Berlin：Springer，2011.

［51］宋锐. 基于混沌激励的结构损伤识别研究［D］. 南京：东南大学，2015.

［52］NICHOLS J M. Structural health monitoring of offshore structures using ambient excitation ［J］. Applied Ocean Research，2003，25(3)：101－114.

［53］梁永涛. 移动荷载作用下基于 HHT 和相空间重构法的桥梁损伤识别［D］. 广州：暨南大学，2014.

［54］许斌，李靖. 未知地震激励下结构回复力及质量非参数化识别［J］. 工程力学，2019，36 (9)：189－196.

2

非线性振动基础知识

2.1 非线性振动

振动力学是土木、机械、航空、海洋工程等工程领域的理论基础之一。它应用数学分析、实验测量和数值计算等方法,探讨振动现象的机理和基本规律,为解决与振动相关的实际问题提供理论依据[1]。

根据描述振动的数学模型的不同,振动理论可分为线性振动理论和非线性振动理论[1-2]。线性振动理论适用于质量不变,弹性力、阻尼力和运动参数成线性关系的系统,其数学描述为线性常系数微分方程。在振幅足够小的大多数情况下,线性振动理论可以足够准确地反映振动的客观规律[1-3]。

在实际工程项目中广泛存在着各种非线性因素,如荷载非线性、材料非线性和几何非线性等。当这些非线性因素较强时,线性理论将不再适用,且无法阐释参数振动、超谐波和亚谐波共振、阶跃等实际现象。因此发展非线性振动理论是分析和解决现代工程问题的需要[1-3]。

非线性振动理论是基于非线性系统的数学模型(即非线性微分方程),在不同参数和初始条件下,确定系统运动的定性和定量规律的理论。与线性系统不同,非线性微分方程很难得到精确的解析解。在实际工程问题分析中,常用的理论方法有定性分析方法、近似解析方法和数值计算方法[1-3]。

定性分析方法一般利用相平面内的相轨迹作为对运动过程的直观描述,利用相平面内的奇点和极限环作为平衡状态和周期运动的几何描述,根据相轨迹的几何性质判断解的性质。尽管定性分析方法不能得到非线性振动的定量规律,但它仍在非线性振动分析中起着重要作用。

近似解析方法通常以线性振动理论中得到的精确解为基础,将非线性因素作为一种摄动,求出近似的解析解。常用的方法有正规摄动法、林滋泰德-庞加莱法、谐波平衡法、平均法、多尺度法和渐近法等。该类方法能给出系统运动响应随时间的变化规律,还能得到运动特性与系统参数之间的关系,是非线性振动分析的重要方法,但其仅可用于讨论可积系统的平衡和周期运动,且主要用于分析弱非线性系统。

数值计算方法通过求解非线性微分方程,得到非线性系统在特定参数条件和初始条件下的运动规律。它可以计算特定非线性系统的各种运动的时间历程,包括平衡、周期运动和非周期运动等,还可以通过数值计算确定某一参数或初始条件对系统运动的影响。数值计算方法对于非线性振动问题的研究起着至关重要的作用。

本章首先介绍工程中常见的几种非线性系统,给出其运动方程;基于此,通过算例介绍非线性振动定性分析中的基本概念;然后通过典型非线性系统的近似解析解和数值解,揭示非线性振动响应的一些基本特性,为后续非线性系统的识别提供理论基础和依据。

2.2 非线性系统

下面介绍几种常见的非线性系统的动力学模型,以便了解非线性在自然界中存在的普遍性。

2.2.1 非线性弹性系统

对于单自由度弹性系统[3],假如其服从胡克定律,系统的回复力 f 与位移 x 成线性关系,即:

$$f = -kx \tag{2.1}$$

其中 k 为弹性系数。如系统做自由振动,根据牛顿第二定律 $m\ddot{x} = f = -kx$,则有:

$$\ddot{x} + \omega^2 x = 0 \tag{2.2}$$

其中 $\omega^2 = \dfrac{k}{m}$,ω 为系统自由振动的圆频率。该方程为线性微分方程,即服从胡克定律的弹性系统是线性的。

实际上工程中许多弹性系统(如结构的各种构件、桁架等),并不服从胡克定律,单自由度系统的回复力取如下形式更为普遍:

$$f = -k_1 x - k_2 x^2 - k_3 x^3 - \cdots - k_n x^n \tag{2.3}$$

其中 k_1,k_2 和 k_3 均为常系数。由这样的回复力得到的运动方程,不仅含有位移及其导数的一次项,还含有他们的高次项,因此为非线性弹性系统。

达芬(Duffing)方程就是一种最常见的非线性弹性系统,将阻尼力考虑进去,其自由振动运动方程一般写为:

$$\ddot{x} + c\dot{x} + k_1 x + k_3 x^3 = 0 \tag{2.4}$$

在简谐荷载作用下,达芬方程变为:

$$\ddot{x} + c\dot{x} + k_1 x + k_3 x^3 = F\cos\Omega t \tag{2.5}$$

其中 F 和 Ω 为荷载的幅值和圆频率。

2.2.2 分段线性系统

当系统的回复力与位移之间存在分段线性关系时,同样会产生非线性动力响应。以图

2.1、图 2.2 为例,系统的回复力方程可以用分段线性函数来表示[1]:

$$f(x) = \begin{cases} k_1 x + (k_2 - k_1)(x + a_0), & (x < -a_0) \\ k_1 x, & (-a_0 \leqslant x \leqslant a_0) \\ k_1 x + (k_2 - k_1)(x - a_0), & (x > a_0) \end{cases} \tag{2.6}$$

那么系统的自由振动微分方程可写为:

$$m\ddot{x} + f(x) = 0 \tag{2.7}$$

双线性系统是一种常见的分段线性系统,经常用来描述有裂缝开合的结构系统的动力学问题。

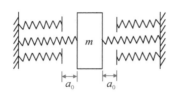

图 2.1 分段线性系统　　　图 2.2 分段线性刚度特性

2.2.3　范德波尔方程

除了刚度非线性,很多系统还会存在阻尼非线性。其中最经典的案例就是用范德波尔(Van der Pol)方程表达的单自由度非线性系统,其运动方程为[3]:

$$\ddot{x} + \alpha(x^2 - 1)\dot{x} + \omega^2 x = 0 \tag{2.8}$$

其中 ω 为系统的固有频率。该方程中,非线性出现在 $\dot{x}$ 的系数里,表示非线性阻尼。

在简谐荷载作用下,范德波尔方程可写为:

$$\ddot{x} + \alpha(x^2 - 1)\dot{x} + \omega^2 x = F\cos\Omega t \tag{2.9}$$

该方程代表着一种典型的非正弦形式的震荡。

以上三种非线性系统是结构非线性动力学领域常用的三种模型,可以用来描述结构的非线性振动(如船体非线性横摇、非线性阻尼效应)和损伤引起的非线性效应(如裂缝开合、螺栓松动)等。

2.2.4　其他非线性系统

除此之外,科学家还提出了许多经典的非线性模型用来描述自然界中的其他非线性现象。如由费尔哈斯(Verhulst)提出逻辑斯谛(Logistic)方程[3],可以用来描述生物群体数目 x 增长的模型,之后有人用其描述产品产量的增长。它的动力学方程可描述为:

$$\dot{x} = rx\left(1 - \frac{x}{K}\right) \tag{2.10}$$

其中 K 为承载容量,r 为比例系数。

另外,还有著名的化学反应模型。假定 X 的分子与 A 的分子相结合发生反应,根据化学动力学的质量作用定律,元素反应的速度与反应物的浓度之积成正比。假定化学物质 A 有很大的冗余,可将其浓度 a 视为常数,则 X 的浓度 x 的动力学方程可写为:

$$\dot{x} = k_1 a x - k_{-1} x^2 \tag{2.11}$$

其中 k_1 和 k_{-1} 均大于 0,为速度常数。

洛特卡-沃尔泰拉(Lotka-Volterra)方程常用来描述生物系统中,掠食者与猎物进行互动时两者族群规模的消长,它由两个一阶非线性微分方程组成[3]:

$$\begin{aligned} \dot{x} &= x(\alpha - \beta y) \\ \dot{y} &= \delta x y - \gamma y \end{aligned} \tag{2.12}$$

其中 x 和 y 分别为猎物和捕食者的数目;α、β、δ 和 γ 都为正实数。

这里给出的非线性系统都是用连续形式的微分方程表述的,还有些非线性现象是用离散的差分方程表示的,这里不做详细介绍。

2.3   非线性振动定性分析基本概念

2.3.1   状态方程、相空间和相轨迹

在非线性振动分析中,通常会把高阶微分方程统一化为一阶自治常微分方程组。如对于二阶常微分方程:

$$\ddot{x} = f(x, \dot{x}) \tag{2.13}$$

令 $y = \dot{x}$,则上式可化为一阶常微分方程组:

$$\begin{cases} \dot{x} = y \\ \dot{y} = f(x, y) \end{cases} \tag{2.14}$$

对于非自治方程,将时间 t 定义为新的变量 z,并引入新的方程:

$$\dot{z} = 1 \tag{2.15}$$

从而使非自治方程变为自治方程。

对于含有 n 个状态变量的状态方程,可写为矩阵形式:

$$\begin{bmatrix} \dot{x}_1 \\ \dot{x}_2 \\ \vdots \\ \dot{x}_n \end{bmatrix} = \begin{bmatrix} f_1(x_1, x_2, \cdots, x_n) \\ f_2(x_1, x_2, \cdots, x_n) \\ \vdots \\ f_n(x_1, x_2, \cdots, x_n) \end{bmatrix} \tag{2.16}$$

$$\dot{x} = f(x) \tag{2.17}$$

方程组中每一个方程表示动力系统每一状态变量随时间的变化率。

以上所形成的一阶自治常微分方程组称为**状态方程**,状态方程的变量称为**状态变量**,状

态变量的个数也称为**自由度数**,由状态变量所张成的空间称为**相空间**(Phase Space)或**状态空间**(State Space)。任意时刻,与系统运动状态对应的在相空间中的点称为**相点**,相点的移动轨迹称为**相轨迹**[1,4]。

在相空间中,所有状态变量对时间的导数全都等于 0 的点称为**奇点**(在某些情况下也被称为不动点、平衡点、平稳点、临界点等)。在奇点处可能没有或者有无数条相轨迹线通过。在相空间中,除奇点外,所有的轨线均不相交[1,4]。

2.3.2　非线性振动解的形式

运动方程的解能够反映系统运动的性质和各种形式,而相轨迹是解的一种形象表达。与线性系统类似,非线性系统运动方程的解在经过与初始条件有关的瞬态过程后,一般也会达到某种定常形式,如平衡态(定态),相轨迹线可能会趋于某一稳定的奇点(不动点);发散解,系统状态变量随时间趋于无穷;振动解,状态变量总是在有限范围内变化。其中,振动解可大概分为三类。

(1)周期振动

此时相轨迹是围绕某一奇点的闭曲线。多数非线性系统的周期解都与初始条件无关,只由方程本身及其中的参量值决定。

以达芬方程为例:

$$\ddot{x} + 0.3\dot{x} - x + x^3 = F\cos\bar{\omega}t \tag{2.18}$$

当 $\bar{\omega}=1.2$ 时,F 取 0.2 时系统做周期运动,如图 2.3 所示。

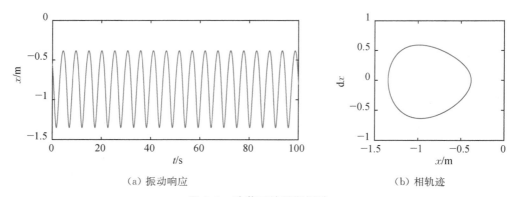

(a)振动响应　　　　　　　　　　(b)相轨迹

图 2.3　达芬系统周期振动

(2)准周期振动

系统解的轨迹不是封闭曲线,而是密集在一封闭带内,这种貌似周期而实际非周期的振动,称为准周期振动。

(3)混沌振动

除了上述两种振动形式外,在某种特定情况下非线性系统还会出现具有随机性的非周期运动,称为**混沌**[1,4]。混沌是服从确定性规律但具有随机性的运动。所谓服从确定性规律,即满足运动方程;所谓随机性是指运动在相空间中没有确定的轨道。

上述达芬系统,当 F 取 0.45 时,系统将做混沌运动,如图 2.4 所示。

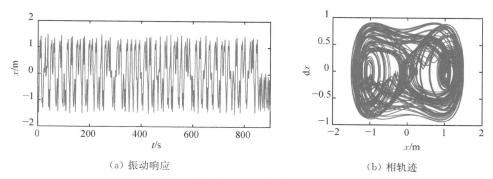

（a）振动响应   （b）相轨迹

图 2.4　达芬系统混沌振动

2.4　非线性振动响应基本特性

非线性系统的求解方法有很多种，如定性分析方法、近似解析法和数值计算方法等。鉴于本书的研究目的，将不对这些方法做详细介绍，只对非线性振动系统解的基本特性[2-7]做归纳整理，探讨非线性系统与线性系统解的本质区别，从而为非线性系统识别、非线性诊断、损伤检测提供依据。

2.4.1　固有频率随振幅变化

对于有非线性回复力的系统，利用近似解析法，可以将其固有频率写为振幅的函数。如含有位移三次方项的达芬方程 $m\ddot{x}+k(x+bx^3)=0$，利用谐波平衡法可以得到其固有频率一次近似值为[5,6]：

$$\omega=\sqrt{\frac{1}{m}\left(k+\frac{3}{4}bA^2\right)} \tag{2.19}$$

对于 $b>0$ 的非线性系统，其固有频率 ω 将随振幅 A 的增大而增加，称为**硬弹簧特性**（硬弹性）；而对于 $b<0$ 的非线性系统，固有频率 ω 随振幅 A 的增大而减小，称为**软弹簧特性**（软弹性）。对于分段线性系统，同样有类似的特性。

利用该特性，可以通过自由衰减实验来识别非线性系统为硬弹性还是软弹性，如图 2.5 和图 2.6 所示（$\ddot{x}+0.162\,7\dot{x}+11.492\,1x\pm1\,000x^3=0$）。

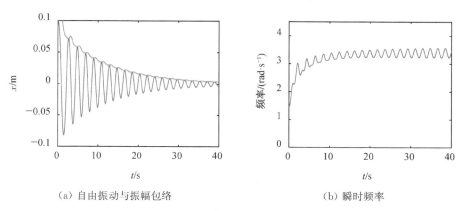

（a）自由振动与振幅包络   （b）瞬时频率

图 2.5　达芬系统软弹簧特性

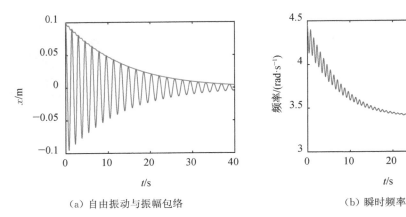

（a）自由振动与振幅包络　　　　　　（b）瞬时频率

图 2.6　达芬系统硬弹簧特性

除此之外，从图 2.5 和图 2.6 还可以看到振幅包络和瞬时频率在其缓慢变化趋势上均叠加有快速振动成分，这说明达芬系统三次非线性项的存在，会使得自由振动响应中出现调频/调相的情况。

2.4.2　自由振动的高次（超）谐波响应

对于达芬非线性系统，其自由振动周期解中除基频为 ω 的谐波外，还有频率为 3ω 和 5ω 的高次谐波成分。自由振动响应中存在高次谐波是非线性系统区别于线性系统的又一本质特点。如图 2.7 所示为达芬系统自由振动响应的功率谱密度，很明显可以观察到高次谐波。

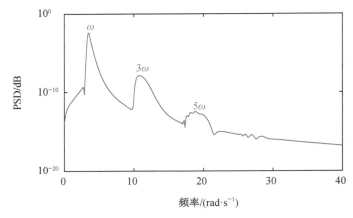

图 2.7　达芬系统自由振动的高次谐波响应

2.4.3　强迫振动的幅频/相频特性

令上述达芬系统的强迫振动方程为 $m\ddot{x}+c\dot{x}+k(x+bx^3)=F\cos(\bar{\omega}t+\alpha)$，利用近似解析法可以得到幅频特性和相频特性的一次近似解：

$$A = \frac{F_0 \cos\alpha}{k \pm \frac{3}{4}bA^2 - m\bar{\omega}^2}$$

$$\alpha = \arctan\frac{c\bar{\omega}}{k \pm \frac{3}{4}bA^2 - m\bar{\omega}^2}$$

(2.20)

如图 2.8 所示,非线性系统的强迫振动有与线性系统类似的幅频曲线。但其幅频曲线族的**脊骨线**(backbone)不是直线,而是朝频率增大方向($b>0$)或减小方向($b<0$)弯曲,从而使得整个曲线族朝一侧倾斜。该脊骨线即为无外激励时非线性系统固有频率随振幅变化的曲线。幅频曲线的倾斜方向也可以反映出非线性系统的硬弹簧或软弹簧特性。与线性系统不同,相频特性与振幅 A 有关,从而间接受到激励幅值 F 的影响(图 2.9)。

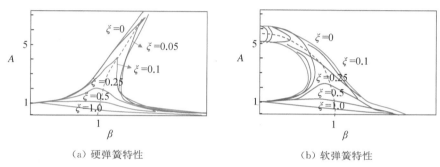

(a) 硬弹簧特性　　　　　　　(b) 软弹簧特性

图 2.8　达芬系统幅频曲线

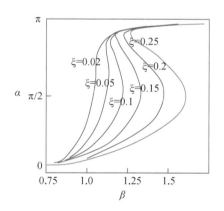

图 2.9　达芬系统相频曲线

2.4.4　强迫振动的跳跃现象

非线性系统的幅频特性曲线在某些频率处并非单值,在同一激励频率处可能会对应三个不同值。对于上述达芬系统,如果保持激励幅值不变,将激励频率从 0 开始缓慢增大,如图 2.10 所示,振动响应的幅值将沿着幅频特性曲线从 A 点连续变化到 B 点,如果继续增大激励频率,则响应振幅将从 B 点突降到 C 点,然后沿着下半分支向 D 点移动。相反,如果激励频率从最大值开始缓慢减小,振动响应的振幅将从 D 点沿着下半分支变化到 E 点;随着激励频率继续减小,响应振幅将从 E 点突跃到 F 点,然后沿着幅频曲线上半分支连续变化至 A 点。这种振幅突然变化的现象称为**跳跃现象**。B 和 E 称为**跳跃点**,一般频率减小过程的跳跃点**滞后**于频率增大方向的跳跃点[1-3]。

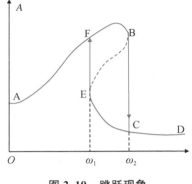

图 2.10　跳跃现象

跳跃现象是非线性系统与线性系统的一个典型差别,是非线性系统特有的现象之一。此时,系统的运动状态随参数的变化而突然变化,这是一种特殊的动态分岔现象。

2.4.5　强迫振动的超谐波和亚谐波响应

在频率为 ω 的简谐荷载激励下,非线性系统的振动响应不仅包含频率为 ω 的谐波,还有频率为 $n\omega$ 的简谐分量,这称为**超谐波响应**(n 为正整数),又称为**倍频响应**;除此之外,在特定情况下,还含有 ω/n 的谐波,称为**亚谐波响应**[1-3]。

超谐波响应在一般的非线性系统中或多或少是存在的,而亚谐波响应则只在一定条件下才产生,亚谐波响应有的是稳定的,有的是不稳定的。当系统中存在阻尼时,阻尼只能影响超谐波振动的振幅大小,但对于亚谐波振动,只要阻尼大于某一定值,就会阻止亚谐波振动的出现。

由于存在亚谐波与超谐波振动,非线性系统共振频率的数目将多于系统的自由度数。当激振频率接近于系统固有频率的整数倍时,如 $\bar{\omega}=3\omega_0$,该系统将发生频率为 ω_0 的共振,称为 1/3 次**亚谐波共振**;而当激振频率接近系统固有频率的几分之一,例如 $\bar{\omega}=\omega_0/3$,则该系统将发生频率等于固有频率的 3 次**超谐波共振**。

强迫振动响应的超谐波和亚谐波以及超谐波共振和亚谐波共振也是非线性系统区别于线性系统的一个重要特征。

2.4.6　多频激励的频率耦合现象

非线性系统受到两个频率不同的简谐荷载 $F_1\cos\omega_1 t$ 和 $F_2\cos\omega_2 t$ 作用时,该系统的响应除了有频率为 ω_1 和 ω_2 及其整数倍的谐波,还会出现频率等于两个激振频率倍数之和或之差的**组合频率**的振动,即 $|m\omega_1\pm n\omega_2|$,(n,m 为正整数)。例如,$|\omega_1\pm\omega_2|$、$|2\omega_1\pm\omega_2|$、$|\omega_1\pm2\omega_2|$ 等,这种不服从线性系统叠加原理的**频率耦合**现象是非线性系统的又一重要特征[1-3]。

2.4.7　频率俘获现象

在线性振动系统中,如果同时存在频率为 ω_1 和 ω_2 两个简谐振动,则当这两个频率比较近时,就会产生"拍"振。两个频率相差越小,"拍"振周期越大。当两个频率相等时,"拍"振消失。

在非线性振动系统中,若系统以频率 ω_0 自振时,受到频率与 ω_0 接近的简谐激励作用的影响,系统有可能只出现一个频率的振动,这一现象称为**频率俘获**。能产生频率俘获现象的频带,称为**频率俘获区域**[1-3]。

频率俘获现象也是非线性系统与线性系统不同的一个特征。

2.4.8　混沌运动

很多非线性系统,当其某些参数发生变化时,运动响应可能会从一般的周期运动、倍周期运动、概周期运动过渡到混沌运动。混沌是一种服从确定性规律但具有随机性的运动。非线性系统的混沌运动具有以下一些特性:具有连续的功率谱,奇怪吸引子的维数是分数的;具有正的李雅普诺夫指数,正测度熵等几何特性。此外,混沌运动具有局部不稳定而整体稳定等特征[1-3]。

参考文献

［1］刘延柱,陈立群. 非线性振动[M]. 北京:高等教育出版社,2001.

［2］闻邦椿,李以农,韩清凯. 非线性振动理论中的解析方法及工程应用[M]. 沈阳:东北大学出版社,2001.

［3］刘秉正,彭建华. 非线性动力学[M]. 北京:高等教育出版社,2004.

［4］STROGATZ S H. Nonlinear dynamics and chaos[M]. Boulder, Colorado:Westview Press,2001.

［5］NAYFEH A H, MOOK D T. Nonlinear Oscillations[M]. New York:John Wiley & Sons,1979.

［6］NAYFEH A H. Introduction to Perturbation Techniques[M]. New York:John Wiley & Sons, 1981.

［7］KAPLAN D, GLASS L. Understanding Nonlinear Dynamics 非线性动力学入门[M]. 北京:世界图书出版公司,2020.

3

非线性振动响应基本统计分析与结构损伤识别

3.1 引言

振动响应的基本统计量能够反映出结构系统的基本特性,是最简单的一类结构损伤指标函数。常用的信号基本统计量有峰值振幅、均值、均方值、偏度、峰度、波峰因子和 K 因子等,其中均值通常被称为一阶矩,均方值反映的是信号的二阶矩,偏度和峰度分别对应信号时间序列的三阶矩和四阶矩,波峰因子和 K 因子常被用于诊断信号与正弦响应的偏差[1]。通过追踪、对比这些基本统计量,可以快速诊断结构系统的变化,从而辨识结构的损伤。如 Dyer 等[2]将峰度应用于机器的故障诊断;Cacciola 等[3]利用偏度来识别悬臂梁结构的损伤;杨小森等[4]也研究了基于振动信号统计特征的损伤识别方法,利用相关系数、回归系数和协方差实现了连续梁桥的损伤诊断;杨晓明[5]采用位移响应的方差作为损伤指标,借助于神经网络对连续梁开展了损伤识别研究;肖青松等[6]对白噪声激励下框架结构的加速度响应信号进行了统计分析,研究发现概率密度函数可以用来初步判别损伤,而方差指标具有良好的损伤定位能力。

基于振动响应统计特征的结构损伤识别方法是从统计意义上构造损伤指标,因此可以降低识别过程中的不确定性,包括噪声的影响[4];另外直接对时域动力响应进行统计分析,不会造成信息的丢失[6]。然而上述研究大多只针对线性结构,在损伤模拟中未考虑其引起的非线性效应。与线性过程相比,非线性振动响应的统计特征可能会存在一些与非线性类型相对应的典型特征,因此利用有典型特征的统计量来构建指标函数,可实现对非线性的检测。如果假定无损伤状态下结构是线性的,损伤的发生会引起结构的非线性,那么利用非线性指标函数就可以对结构损伤进行识别。

连接松动是常见的一种会导致结构产生非线性振动响应的损伤类型,本章以此为研究对象,用双线性模型来模拟损伤,然后探讨不同激励荷载作用下,振动响应信号的基本统计量对损伤的敏感性;继而优选敏感性参数来构建指标函数,从而实现连接松动损伤的辨识。

3.2 信号基本统计量

假定 $x = (x_1, \quad x_2 \quad \cdots \quad x_n)$ 为任意荷载作用下结构的振动响应信号（等间隔采样），信号的常用基本统计量可按表 3.1 所列公式进行估计：

表 3.1 信号的基本统计量

统计参数	计算式
峰值振幅 x_{peak}	$x_{peak} = \max \mid x \mid$
均值 μ_x	$\mu_x = \dfrac{1}{n} \sum\limits_{i=1}^{n} x_i$
均方值 μ_{sq}	$\mu_{sq} = \dfrac{1}{n} \sum\limits_{i=1}^{n} x_i^2$
均方根 X_{rms}	$X_{rms} = \sqrt{\dfrac{1}{n} \sum\limits_{i=1}^{n} x_i^2}$
标准差 σ	$\sigma = \sqrt{\dfrac{1}{n} \sum\limits_{i=1}^{n} (x_i - \mu_x)^2}$
偏度 S_k	$S_k = \dfrac{\dfrac{1}{n} \sum\limits_{i=1}^{n} (x_i - \mu_x)^3}{\sigma^3}$
峰度 K	$K = \dfrac{\dfrac{1}{n} \sum\limits_{i=1}^{n} (x_i - \mu_x)^4}{\sigma^4}$
峰值因子 X_{cf}	$X_{cf} = x_{peak} / X_{rms}$
K 因子 X_K	$X_K = x_{peak} X_{rms}$

3.3 连接松动损伤模拟

连接的松动通常会使结构在不同位移方向上的刚度有所不同，这里采用双线性模型来模拟该类损伤。以图 3.1 所示悬臂梁为例，建立其双线性单自由度振动方程：

$$m\ddot{x} + c\dot{x} + kx = f(t) \tag{3.1}$$

其中 m 为质量；c 为阻尼系数；双线性刚度系数 $k = \begin{cases} k_1, & x < 0 \\ \alpha k_1, & x \geq 0 \end{cases}$，其中 α 为刚度系数比，且满足 $0 < \alpha \leq 1$；$f(t)$ 为外激励荷载。

通过改变刚度系数比 α 的值可以模拟不同程度的损伤（非线性）。当 $\alpha = 1$ 时，表示结构无损伤,此时结构为线性。该模型的基本物理参数如表 3.2 所示。

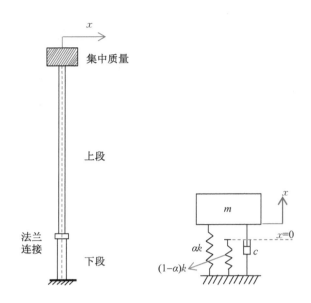

图 3.1　悬臂梁及其双线性系统模型

表 3.2　数值算例模型参数

参数		数值
尺寸	长度	1.3 m
	外径	20 cm(上段) 26 cm(下段)
	壁厚	3 mm
材料	密度 ρ	7 850 kg/m³
	顶部质量	2 kg
	杨氏模量 E	2.10 GPa
模型	刚度 k	2 351 N/m
	质量 m	2.3 kg
	阻尼 c	5.9 N·s/m

3.4　自由振动响应基本统计分析

探讨自由振动响应的基本统计参数,可以假定运动方程(3.1)中的激励荷载 $f(t)=0$,则结构的自由振动响应可由四阶龙格-库塔方法求解获得。本例中初始条件取为:$x_0=0$ 和

$\dot{x}_0 = 2\text{ m/s}$。采用加速度响应信号(记为 $\ddot{x}(t)$)进行统计分析。

图 3.2 所示为四种不同损伤工况下,结构的自由振动加速度响应时程。从图中可以直观地观察到,随着损伤程度的提高,加速度响应信号对称性降低,振动的平衡位置不再为 0,而是向下偏移;不同工况下,自由振动加速度响应信号的上包络一致,说明各工况在某一方向上的刚度一致,这与预设情况一致。

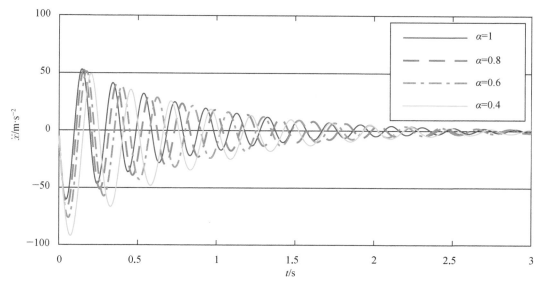

图 3.2　各工况下的自由振动响应信号

表 3.3 和图 3.3 所示为各工况下,信号的均值(μ_x)、均方根(X_{rms})、偏度(S_k)、峰度(K)、波峰因子(X_{cf})和 K 因子(X_K)的统计结果。可以看出,X_{rms}、S_k 和 X_K 这 3 个参数随损伤程度的变化较为显著,这说明其对损伤更为敏感;均值 μ_x 虽然也会随着损伤水平的增加而单调变化,但其数值与振动幅值相比较小,不足以作为损伤的敏感性参数。

表 3.3　自由振动响应信号的基本统计参数

α	μ_x	X_{rms}	S_k	K	X_{cf}	X_K
1	−0.67	16.34	−0.29	5.71	3.69	985.67
0.9	−1.25	16.85	−0.43	5.74	3.76	1 067.98
0.8	−1.98	17.51	−0.57	5.78	3.82	1 171.28
0.7	−2.81	18.35	−0.73	5.83	3.88	1 306.35
0.6	−3.88	19.47	−0.91	5.91	3.92	1 488.14
0.5	−5.25	21.02	−1.09	5.99	3.95	1 746.53
0.4	−7.07	23.25	−1.28	6.08	3.96	2 139.00
0.3	−9.78	26.75	−1.48	6.16	3.91	2 800.32

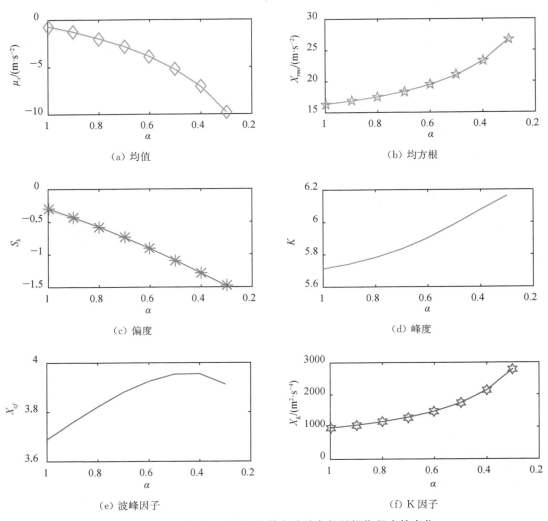

(a) 均值   (b) 均方根

(c) 偏度   (d) 峰度

(e) 波峰因子   (f) K 因子

图 3.3　自由振动响应信号的基本统计参数随损伤程度的变化

选取 X_{rms}、S_k 和 X_K 这 3 个统计量作为敏感性参数构建损伤指标函数。根据表 3.3 所示结果，取偏度的绝对值作为损伤指标函数；另外，用结构损伤前后自由振动响应信号 X_{rms} 和 X_K 的变换率（Ratio of Change，ROC）来定义两个新的指标函数。三个指标函数表达式如下：

指标函数 1：偏度的绝对值 $\mid S_k \mid$；

指标函数 2：均方根的变化率 ROC_{rms}，

$$ROC_{rms,i} = \frac{\mid X_{rms,di} - X_{rms,0} \mid}{X_{rms,0}} \times 100\% \tag{3.2}$$

指标函数 3：K 因子的变化率 ROC_{X_K}，

$$ROC_{X_K,i} = \frac{\mid X_{K,di} - X_{K,0} \mid}{X_{K,0}} \times 100\% \tag{3.3}$$

上述两式中 $ROC_{rms,i}$、$ROC_{X_K,i}$ 分别为第 i 损伤工况下 X_{rms} 和 X_K 的数值相对于无损伤工况的变化率；$X_{rms,0}$ 和 $X_{K,0}$ 为无损伤工况下响应信号的 X_{rms} 和 X_K；$X_{rms,di}$、$X_{K,di}$ 为第 i 损伤工况下 X_{rms} 和 X_K 的数值。当 ROC_{rms} 和 ROC_{X_K} 接近于 0 时，表示结构无损伤；否则，判定结构发生损伤。

图 3.4 所示为所构建的 3 个指标函数随损伤程度的变化规律。从图中可以看出，随着损伤程度的提高，3 个指标函数的数值都呈现单调增加的趋势这说明所构建的 3 个指标函数不仅能指示损伤的发生，还能反映损伤程度的相对大小。

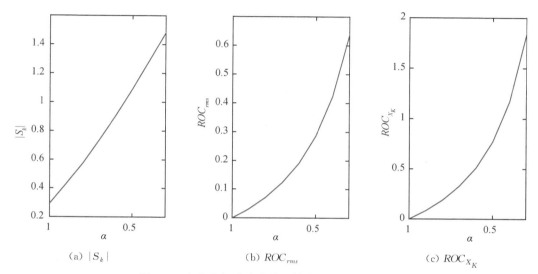

(a) $|S_k|$ (b) ROC_{rms} (c) ROC_{X_K}

图 3.4　由自由振动响应信号构建的损伤指标函数

实测信号中难免有噪声的存在，为了探讨以上三个指标函数对测量噪声的鲁棒性，在自由振动加速度响应信号 $\ddot{x}(t)$ 中添加高斯白噪声 $n(t)$ 来模拟噪声污染信号 $\hat{\ddot{x}}(t)$：

$$\hat{\ddot{x}}(t) = \ddot{x}(t) + n(t)$$
$$n(t) = \sigma_n \varepsilon(t) \tag{3.4}$$

其中 $\varepsilon(t)$ 为均值为零且有单位标准差的高斯随机时间序列；σ_n 为噪声的标准差。由于噪声水平通常是指噪声与真实信号的有效功率比，因此可以用噪声水平 δ 通过以下关系计算出标准差 σ_n：

$$\delta = \sqrt{\frac{P_n}{P_{\ddot{x}}}} = \sqrt{\frac{\mathrm{rms}^2(n(t))}{\mathrm{rms}^2(\ddot{x}(t))}} = \frac{\mathrm{rms}(n(t))}{\mathrm{rms}(\ddot{x}(t))} \tag{3.5}$$

$$\sigma_n = \mathrm{rms}(n(t)) = \delta \times \mathrm{rms}(\ddot{x}(t)) \tag{3.6}$$

其中 P_n 和 $P_{\ddot{x}}$ 分别为模拟的高斯噪声与原信号的有效功率；$\mathrm{rms}(\cdot)$ 表示均方根算子。

对不同噪声水平下的自由振动响应信号进行统计分析并构建损伤指标函数。图 3.5 所示为各指标函数随噪声水平的变化规律。从图中可以看出，ROC_{rms} 和 ROC_{X_K} 的数值均非常稳定，基本不受噪声影响；$|S_k|$ 随着噪声水平的提高略有降低，但变化范围很小，

基本可以忽略。

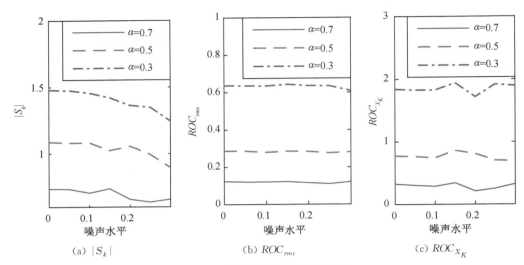

(a) $|S_k|$ 　　(b) ROC_{rms} 　　(c) ROC_{X_K}

图 3.5　噪声对指标函数值的影响

图 3.6 所示为 10%、20% 和 30% 三种噪声水平下，三个指标函数随损伤程度的变化规律，同样可以看出，ROC_{rms} 和 ROC_{X_K} 非常稳定，基本不受噪声影响；$|S_k|$ 会随着噪声水平的提高而有所降低，但其随损伤程度的变化规律没有改变，仍然能够指示损伤的相对大小，也就是说各指标函数随损伤程度的变化规律基本不受噪声影响。由此可见，利用均方根（X_{rms}）、偏度（$|S_k|$）和 K 因子（X_K）这 3 个参数所构建的损伤指标函数对测量噪声不敏感，表现出了较强的鲁棒性。

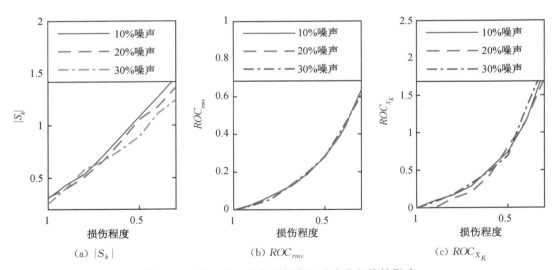

(a) $|S_k|$ 　　(b) ROC_{rms} 　　(c) ROC_{X_K}

图 3.6　噪声对指标函数随损伤程度变化规律的影响

3.5 简谐振动响应基本统计分析

令 $f(t) = 50\sin 20t$，利用四阶龙格-库塔方法求解运动方程(3.1)，可以获得其简谐振动响应。图 3.7 所示为各工况下，结构简谐振动加速度响应时程曲线，从图中可以看出随着 α 的减小，即损伤程度的增加，振动响应信号的幅值明显增大，振动的平衡位置开始下移，响应信号的不对称性明显增强。

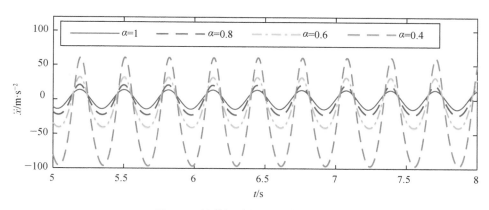

图 3.7　简谐振动加速度响应信号

对不同损伤程度下的简谐振动加速度响应信号进行统计分析，结果如表 3.4 和图 3.8 所示。信号的均值 μ_x、均方根 X_{rms} 和 K 因子 X_K 会随着损伤程度的变化而单调变化；随着 α 继续降低，X_{rms} 的数值显著增大；而峰度 K 和峰值因子 X_{cf} 的变化量均较小，无法明显反映其随损伤的变化规律。值得注意的是，虽然响应信号的不对称性会随着损伤程度的增加而增强，但其偏度 S_k 并没有发生显著的、单调性的数值变化。

表 3.4　不同损伤程度下简谐振动响应信号的统计参数

α	μ_x	X_{rms}	S_k	K	X_{cf}	X_K
1	0.00	9.85	0.00	1.50	1.42	137.75
0.9	−1.26	12.27	0.15	1.52	1.41	212.70
0.8	−3.01	15.58	0.25	1.55	1.43	346.27
0.7	−5.51	20.24	0.30	1.58	1.45	592.51
0.6	−9.31	27.25	0.32	1.60	1.48	1096.50
0.5	−15.73	38.90	0.32	1.61	1.51	2291.90
0.4	−28.64	62.05	0.30	1.61	1.55	5981.40
0.3	−65.94	127.90	0.27	1.59	1.59	2608.10

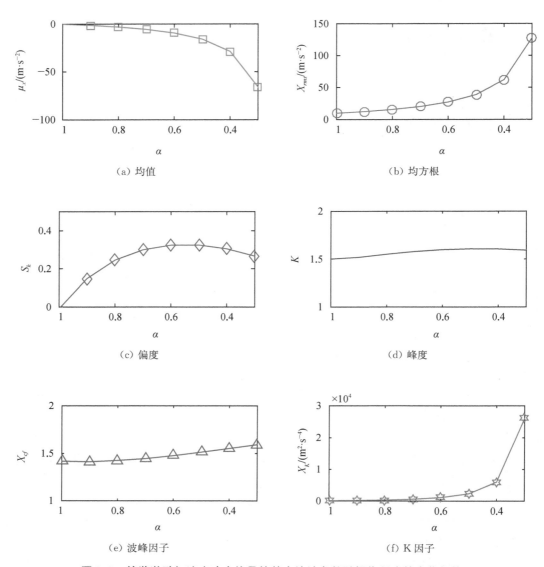

图 3.8　简谐激励加速度响应信号的基本统计参数随损伤程度的变化规律

因此对于简谐振动响应,可初选 μ_x、X_{rms} 和 X_K 作为敏感性参数来构建损伤指标函数。

指标函数 1:均值的绝对值 $|\mu_x|$;

指标函数 2:均方根 X_{rms} 的变化率 ROC_{rms};

指标函数 3:K 因子的变化率 ROC_{X_K}。

ROC_{rms} 和 ROC_{X_K} 的计算式同式(3.2)和式(3.3)。各指标函数随损伤程度的变化规律如图 3.9 所示。从图中可以看出,$|\mu_x|$、ROC_{rms} 和 ROC_{X_K} 均随着 α 的减小而单调增加,其中 $|\mu_x|$ 和 ROC_{rms} 与刚度系数比 α 之间成三次多项式关系;而 ROC_{X_K} 与 α 成五次多项式关系,值得注意的是 ROC_{X_K} 只有在 $\alpha \leqslant 0.8$ 时才能明显表现出损伤的发生。

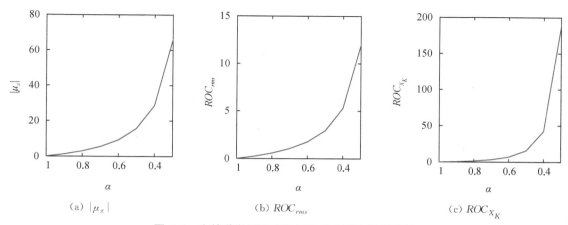

(a) $|\mu_x|$ (b) ROC_{rms} (c) ROC_{X_K}

图 3.9 由简谐激励响应信号构建的损伤指标函数

同样采用式(3.4)~式(3.6)所示公式来模拟含噪声信号并对其进行分析,从而探讨三个损伤指标函数的鲁棒性。将噪声水平取值为 0~30%,不同损伤程度下,各指标函数随噪声的变化规律如图 3.10 所示。从图中可以看出,$|\mu_x|$ 和 ROC_{rms} 非常稳定,基本不随噪声的变化而变化;ROC_{X_K} 会随着噪声水平的变化而有所波动,但幅度不大。图 3.11 所示为不同噪声水平下,三个指标函数随损伤程度的变化规律。与图 3.9 对比可以看出,各指标函数均表现出较强的噪声鲁棒性。

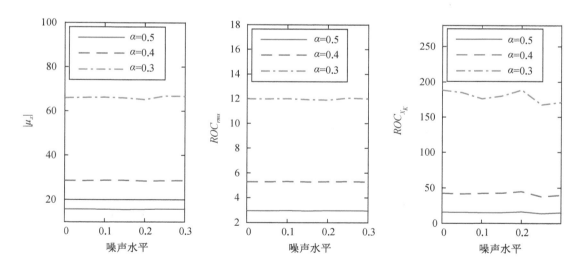

图 3.10 噪声对指标函数值的影响

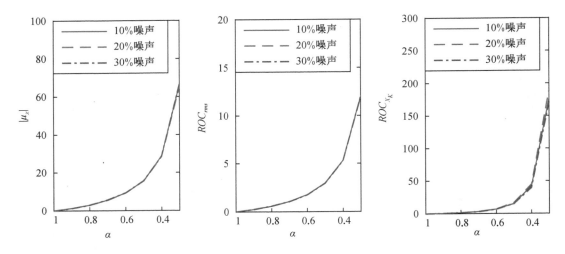

图 3.11　噪声对指标函数随损伤程度变化规律的影响

3.6　随机振动响应基本统计分析

在实际工程中,结构的振动更多地来源于风、波浪等环境荷载的作用,这类荷载具有很强的随机性。基于以上两节的研究,本部分将开展结构随机振动响应的基本统计分析,探讨基本统计量与损伤之间的关系,从而优选敏感性参数构建适用于随机振动的损伤指标函数。

为了简单起见,采用有限带宽白噪声激励来模拟随机环境载荷。参考傅里叶级数的概念,采用 M 个简谐激励分量叠加的方式来合成白噪声激励 $f(t)$:

$$f(t) = \sum_{i=1}^{M} A_i \cos(\omega_i t + \theta_i) \tag{3.7}$$

在本算例中 A_i 取为 0.6,M 取为 500,各个简谐分量的频率 $\omega_i \in [0,100]$ rad/s。为防止频率等间隔采样引入的误差,各简谐分量的频率并非绝对等间隔,具体数值有一定的随机性,但满足平均等间隔。各简谐分量的初始相位 θ_i 在区间 $[0,\pi]$ 中随机取值。根据以上过程模拟产生随机荷载,如图 3.12(a)所示,其傅里叶谱如图 3.12(b)所示。从图中可以看出模拟信号的频带与预设情况一致。

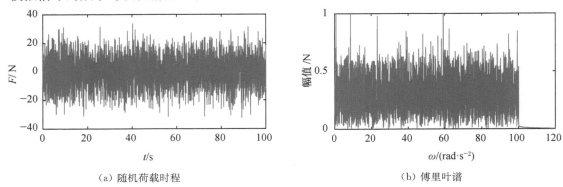

（a）随机荷载时程　　　　　　　　　　　　（b）傅里叶谱

图 3.12　有限带宽白噪声荷载

利用四阶龙格-库塔法求解结构在随机荷载下的振动响应,图 3.13 所示为 4 种不同损伤程度下结构的随机振动加速度响应时程。从图中可以看出,随着损伤程度的增加,加速度振动响应逐渐呈现出不对称性。

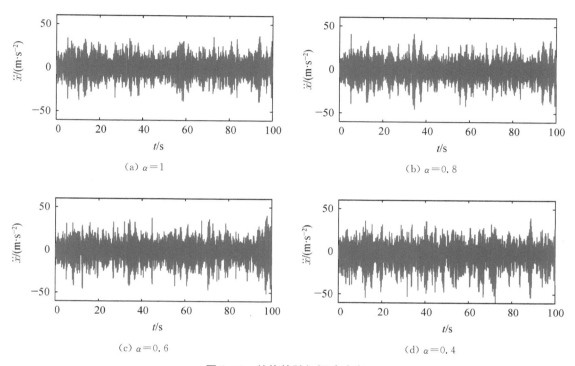

(a) $\alpha = 1$

(b) $\alpha = 0.8$

(c) $\alpha = 0.6$

(d) $\alpha = 0.4$

图 3.13　结构的随机振动响应

对不同损伤程度下的随机振动响应信号进行统计分析,结果如表 3.5 和图 3.14 所示。与自由振动响应相似,信号的均方根 X_{rms}、偏度 S_k 和 K 因子 X_K 会随着损伤程度的变化

表 3.5　不同损伤程度下随机振动响应信号的统计参数

α	μ_x	X_{rms}	S_k	K	X_{cf}	X_K
1	0	10.41	−0.01	2.99	3.51	380.39
0.9	−0.45	9.55	−0.04	2.75	3.29	300.38
0.8	−0.97	8.68	−0.06	2.67	3.23	243.56
0.7	−1.63	8.01	−0.12	2.79	3.58	229.47
0.6	−2.46	7.16	−0.16	2.73	3.49	178.91
0.5	−3.44	6.33	−0.22	2.83	3.78	151.53
0.4	−4.91	5.47	−0.29	2.85	3.77	112.75
0.3	−7.11	4.73	−0.42	3.13	4.36	97.50

发生明显变化,均值虽然也与损伤程度之间成单调关系,但其绝对数值与加速度响应的幅值相比很小。因此,对于随机振动响应,同样选用加速度响应信号的 X_{rms}、S_k 和 X_K 作为敏感性参数来构建损伤指标函数。

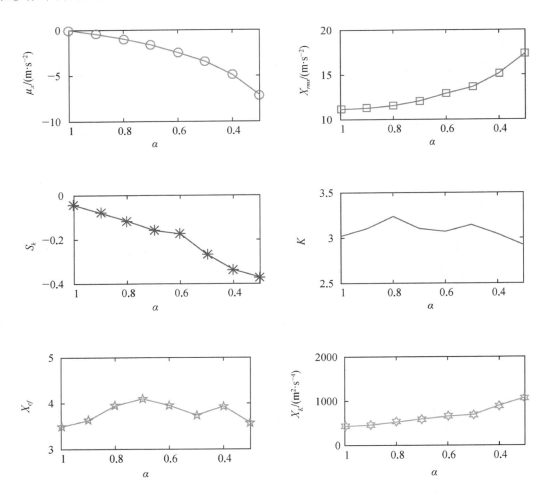

图 3.14　随机振动响应信号的基本统计参数随损伤程度的变化规律

指标函数 1:偏度的绝对值 $|S_k|$;

指标函数 2:均方根的变化率 ROC_{rms};

指标函数 3:K 因子的变化率 ROC_{X_K}。

损伤指标函数随损伤程度的变化规律如图 3.15 所示。从图中可以看出,与自由振动响应的三个指标函数类似,随机振动响应的三个指标函数均随着损伤程度的提高而单调增加,且能够反映损伤程度的相对大小,同时对小损伤也有较高的敏感性。

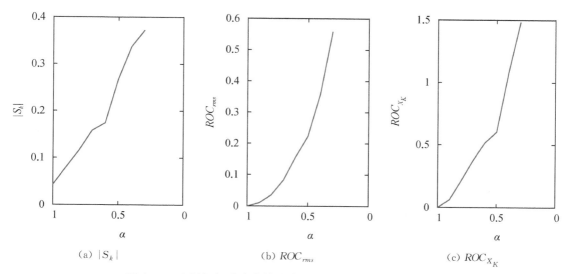

(a) $|S_k|$　　　　　　　(b) ROC_{rms}　　　　　　　(c) ROC_{X_K}

图 3.15　由随机振动响应基本统计参数构建的损伤指标函数

进一步探讨三个指标函数的噪声鲁棒性。图 3.16 给出了不同损伤工况下,各指标函数随噪声水平的变化规律。从图中可以看出,ROC_{Xrms} 的数值基本不受噪声影响;$|S_k|$ 和 ROC_{X_k} 会随着噪声水平的提高有所变化,但变化量都不大。图 3.17 所示为 10%、20% 和 30% 三种噪声水平下,三个指标函数随损伤程度的变化规律。与图 3.15 相比可以看出,三个指标随损伤程度的变化规律基本不会受噪声影响。由此可见,用 X_{rms}、$|S_k|$ 和 X_K 这 3 个参数所构建的损伤指标对噪声不敏感,具有较强的鲁棒性。

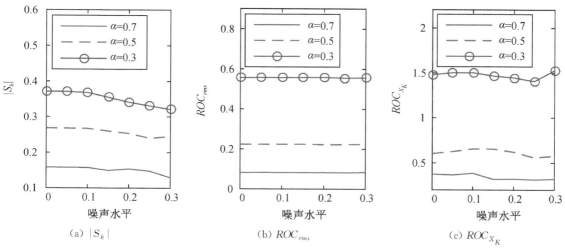

(a) $|S_k|$　　　　　　　(b) ROC_{rms}　　　　　　　(c) ROC_{X_K}

图 3.16　噪声对指标函数值的影响

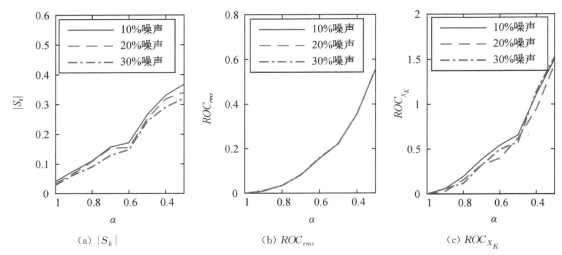

(a) $|S_k|$ 　　 (b) ROC_{rms} 　　 (c) ROC_{X_K}

图 3.17　噪声对指标函数随损伤程度变化规律的影响

3.7　本章小结

信号的基本统计量能够反映结构振动响应的基本特性,是最简单的一类非线性指标函数,可用来开展结构损伤识别。

连接松动是常见的一种会导致结构产生非线性振动响应的损伤类型。本章采用双线性模型来模拟该类损伤,并以一悬臂梁为算例,探讨不同激励荷载下,振动响应信号的基本统计量对损伤的敏感性;继而优选敏感性参数来构建指标函数,从而实现连接松动损伤的辨识。

研究发现,自由振动和随机振动加速度响应信号的偏度 S_k、均方根 X_{rms} 和 K 因子 X_K 随损伤程度的变化较为显著;以此为敏感性参数所构建的三个指标函数($|S_k|$、ROC_{rms} 和 ROC_{X_K})对损伤较敏感,不仅能够指示出结构损伤的发生,还能反映损伤程度的相对大小。

简谐振动加速度响应的均值 μ_x、均方根 X_{rms} 和 K 因子 X_K 也会随着损伤程度的变化而单调变化,但利用 X_K 所构建的指标函数只能有效识别出较大的结构损伤。相较于自由振动和随机振动响应而言,各指标对损伤的敏感性要低一些,尤其是小损伤。

值得注意的是,基于信号的基本统计量所构建的指标函数均对高斯白噪声不敏感,表现出较强的鲁棒性。另外,该类方法只用到了系统的振动响应信号,无需测量系统的激励信号,因此具有一定的工程实用性。

当然,本章所构建的指标函数仅适用于可用双线性模型来模拟的损伤类型,如呼吸裂纹、螺栓松动等。对于其他可引起非线性效应的损伤,可借鉴本研究的思路来优选敏感性参数,从而构建适用的指标函数。

参考文献

［1］ FARRAR C R，WORDEN K，TODD M D，et al. Nonlinear system identification for damage detection［R］. Los Alamos National Laboratory，2007.

［2］ DYER D，STEWART R M. Detection of rolling element bearing damage by statistical vibration analysis［J］. Journal of Mechanical Design，1978，100(2)：229.

［3］ CACCIOLA P，IMPOLLONIA N，MUSCOLINO G. Crack detection and location in a damaged beam vibrating under white noise［J］. Computers & Structures，2003，81(18)：1773-1782.

［4］ 杨小森，闫维明，陈彦江，等. 基于振动信号统计特征的损伤识别方法［J］. 公路交通科技，2013，30(12)：99-106，

［5］ 杨晓明. 土木工程结构的性能监测系统与损伤识别方法研究［D］. 天津：天津大学，2006.

［6］ 肖青松，雷家艳，施伟，等. 基于随机动力响应时程统计指标的结构损伤初步识别［J］. 动力学与控制学报，17(6)：567-574，2019.

4

基于高阶谱分析的结构非线性检测与损伤识别

4.1 引言

如前所述,结构的振动响应信号中隐含着很多有用的信息。通过对响应信号等间隔采样,并利用统计方法进行分析,可以获得许多能够反映结构固有特性的参数和指标函数。均值、方差、自相关函数和功率谱是信号处理中最常用的一阶和二阶统计量。对于线性高斯分布的时间序列,用二阶统计量足以分析其基本特性。然而实际信号可能并非高斯的、线性的(如系统存在非线性行为),此时就需要借助高阶统计分析[1]。

目前,高阶统计分析(Higher Order Statistical Analsis, HOSA)已成为信号处理中非常有用的工具,在结构非线性检测及结构健康监测中扮演着越来越重要的角色[1,2]。特别是三阶谱分析(又称为双谱分析)已经在振动分析、水下超声、混沌与条件监测等领域得到了广泛应用[2-7]。双谱函数可视为信号三阶矩(偏度)的频域映射,因此可以用其开展非对称的非线性检测[8],且双谱分析只需要一组实测数据即可开展,具有很强的实际操作性。

本章将在回顾高阶矩、高阶累积量和高阶谱等常用高阶统计量的基础上,重点介绍双谱/双相干(Bispectrum/Bicoherence)函数在非线性检测中的应用。通过数值算例,对双线性系统的自由振动响应开展双谱分析,并探讨其双谱/双相干函数的特性;利用统计假设检验及其显著值的基本统计特征,构建非高斯、非线性指标函数,从而实现非线性(损伤)的检测。

4.2 高阶统计分析

4.2.1 矩

对于任意随机变量 x,矩量生成函数可定义为 e^{tx} 的期望[1,9]:

$$M_x(t) = E[e^{tx}] \tag{4.1}$$

其中 $t \in \mathbf{R}$。矩可以由矩量生成函数关于原点的泰勒级数展开式的系数得到：

$$M_x(t) = M_x(t)\,|_{t=0} + \frac{\partial M_x(t)}{\partial t}\bigg|_{t=0}(t-0) + \frac{1}{2!}\frac{\partial^2 M_x(t)}{\partial t^2}\bigg|_{t=0}(t-0)^2 +$$

$$\frac{1}{3!}\frac{\partial^3 M_x(t)}{\partial t^3}\bigg|_{t=0}(t-0)^3 + \cdots + \frac{1}{n!}\frac{\partial^n M_x(t)}{\partial t^n}\bigg|_{t=0}(t-0)^n$$

$$= M_x(t)\,|_{t=0} + \frac{\partial M_x(t)}{\partial t}\bigg|_{t=0} t + \frac{1}{2!}\frac{\partial^2 M_x(t)}{\partial t^2}\bigg|_{t=0} t^2 +$$ $$(4.2)$$

$$\frac{1}{3!}\frac{\partial^3 M_x(t)}{\partial t^3}\bigg|_{t=0} t^3 + \cdots + \frac{1}{n!}\frac{\partial^n M_x(t)}{\partial t^n}\bigg|_{t=0} t^n$$

上式右侧 1 阶偏导即为 1 阶矩：

$$m_1 = \frac{\partial M_x(t)}{\partial t}\bigg|_{t=0} = \frac{\partial E[e^{tx}]}{\partial t}\bigg|_{t=0} = E[x\,e^{tx}]\,|_{t=0} = E[x] \tag{4.3}$$

2 阶偏导可得到 2 阶矩：

$$m_2 = \frac{\partial^2 M_x(t)}{\partial t^2}\bigg|_{t=0} = \frac{\partial^2 E[e^{tx}]}{\partial t^2}\bigg|_{t=0} = E[x^2\,e^{tx}]\,|_{t=0} = E[x^2] \tag{4.4}$$

类似地，3 阶矩可由 3 阶偏导得到：

$$m_3 = E[x^3] \tag{4.5}$$

因此，可以将矩量生成函数表达为：

$$M_x(t) = E[e^{tx}] = 1 + t m_1 + \frac{t^2}{2!}m_2 + \frac{t^3}{3!}m_3 + \cdots + \frac{t^n}{n!}m_n \tag{4.6}$$

对于离散时间序列，1 阶矩即为均值，2 阶矩为其方差，3 阶矩为偏度（第 3 章中已经探讨），4 阶矩可以衡量时间序列分布的平坦度。准确来说，式(4.3)~式(4.5)所定义的矩为原点矩，对于任意零均值时间序列 $x(k),(k=0,\pm1,\pm2,\cdots)$，其 2 阶、3 阶、$\cdots$、$n$ 阶矩可定义为：

$$m_2(\tau_1) \triangleq E[x(k)x(k+\tau_1)]$$
$$m_3(\tau_1,\tau_2) \triangleq E[x(k)x(k+\tau_1)x(k+\tau_2)]$$
$$\vdots \tag{4.7}$$
$$m_n(\tau_1,\tau_2,\cdots,\tau_{n-1}) \triangleq E[x(k)x(k+\tau_1)x(k+\tau_2)\cdots x(k+\tau_{n-1})]$$

时间序列的方差 σ^2 为 $m_2(0)$，偏度为 $m_3(0,0)$，以此类推。

4.2.2 累积量

累积量是另一种数据统计量，由于具有优异的噪声抑制特性，可以将其作为矩的替代量。累积量生成函数为矩量生成函数的对数。对于任意随机变量 x，累积量生成函数可写为[1,9]：

$$C_x(t) \triangleq \ln(M_x(t)) \tag{4.8}$$

同上,累积量可以由累积量生成函数的泰勒级数展开式获得:

$$
\begin{aligned}
C_x(t) = & C_x(t)\big|_{t=0} + \frac{\partial C_x(t)}{\partial t}\bigg|_{t=0}(t-0) + \frac{1}{2!}\frac{\partial^2 C_x(t)}{\partial t^2}\bigg|_{t=0}(t-0)^2 + \\
& \frac{1}{3!}\frac{\partial^3 C_x(t)}{\partial t^3}\bigg|_{t=0}(t-0)^3 + \cdots + \frac{1}{n!}\frac{\partial^n C_x(t)}{\partial t^n}\bigg|_{t=0}(t-0)^n \\
= & C_x(t)\big|_{t=0} + \frac{\partial C_x(t)}{\partial t}\bigg|_{t=0}t + \frac{1}{2!}\frac{\partial^2 C_x(t)}{\partial t^2}\bigg|_{t=0}t^2 + \\
& \frac{1}{3!}\frac{\partial^3 C_x(t)}{\partial t^3}\bigg|_{t=0}t^3 + \cdots + \frac{1}{n!}\frac{\partial^n C_x(t)}{\partial t^n}\bigg|_{t=0}t^n
\end{aligned}
\tag{4.9}
$$

1 阶累积量可以由上式中 1 阶偏导获得:

$$
\begin{aligned}
c_1 = & \frac{\partial C_x(t)}{\partial t}\bigg|_{t=0} = \frac{\partial \ln[E[e^{tx}]]}{\partial t}\bigg|_{t=0} \\
= & \frac{\partial \ln\left(1 + tm_1 + \frac{t^2}{2!}m_2 + \frac{t^3}{3!}m_3 + \cdots + \frac{t^n}{n!}m_n\right)}{\partial t}\bigg|_{t=0} \\
= & \frac{1}{\left(1 + tm_1 + \frac{t^2}{2!}m_2 + \frac{t^3}{3!}m_3 + \cdots + \frac{t^n}{n!}m_n\right)}\left(m_1 + \frac{2t}{2!}m_2 + \frac{3t^2}{3!}m_3 + \cdots + \frac{nt^n}{n!}m_n\right)\bigg|_{t=0} \\
= & m_1
\end{aligned}
\tag{4.10}
$$

2 阶累积量为:

$$
\begin{aligned}
c_2 = & \frac{\partial^2 C_x(t)}{\partial t^2}\bigg|_{t=0} = \frac{\partial^2 \ln[E[e^{tx}]]}{\partial t^2}\bigg|_{t=0} \\
= & \frac{\partial^2 \ln\left(1 + tm_1 + \frac{t^2}{2!}m_2 + \frac{t^3}{3!}m_3 + \cdots + \frac{t^n}{n!}m_n\right)}{\partial t^2}\bigg|_{t=0} \\
= & \frac{\partial}{\partial t}\left[\frac{1}{\left(1 + tm_1 + \frac{t^2}{2!}m_2 + \frac{t^3}{3!}m_3 + \cdots + \frac{t^n}{n!}m_n\right)}\left(m_1 + \frac{2t}{2!}m_2 + \frac{3t^2}{3!}m_3 + \cdots + \frac{nt^n}{n!}m_n\right)\right]\bigg|_{t=0} \\
= & m_2 - m_1^2
\end{aligned}
\tag{4.11}
$$

同样地,第 3 阶累积量为:

$$
c_3 = m_3 - 3m_2 m_1 + 2m_1^3
\tag{4.12}
$$

第 4 阶累积量为:

$$
c_4 = m_4 - 4m_3 m_1 - 3m_2^2 + 12m_2 m_1^2 - 6m_1^4
\tag{4.13}
$$

以上均为关于原点的累积量。对于任意时间序列 $x(k)$,$(k=0,\pm 1,\pm 2,\cdots)$,其 2 阶、3 阶、$\cdots$、n 阶累积量可以写为:

$$c_2(\tau_1) \triangleq cum[x(k)x(k+\tau_1)]$$
$$c_3(\tau_1,\tau_2) \triangleq cum[x(k)x(k+\tau_1)x(k+\tau_2)]$$
$$\vdots$$
$$c_n(\tau_1,\tau_2,\cdots,\tau_{n-1}) \triangleq cum[x(k)x(k+\tau_1)x(k+\tau_2)\cdots x(k+\tau_{n-1})]$$

$$(4.14)$$

其中 cum 表示累积量运算符。需要注意的是,累积量与矩密切相关,累积量的计算需要用到矩量,且计算 n 阶累积量需要用到前 n 阶矩。

4.2.3 谱分析

利用矩和累积量等统计参数对时间序列开展时域分析并不能完全揭示信号中所包含的信息。如果将信号从时域变换到频域,信号的周期性以及非线性便可以呈现,从而能够更好地理解信号的产生过程。在现代信号处理中,离散傅里叶变换(Discrete Fourier Transform,DFT)为时域向频域的转换提供了极大的便利[1,3,9]。

对于平稳实信号 $x(k)$,$(k=0,\pm 1,\pm 2,\cdots)$,n 阶累积量序列为:

$$c_n(\tau_1,\tau_2,\cdots,\tau_{n-1})=cum[x(k)x(k+\tau_1)x(k+\tau_2)\cdots x(k+\tau_{n-1})] \quad (4.15)$$

假定累积量序列满足条件 $\sum_{\tau_1=-\infty}^{\infty} \cdots \sum_{\tau_{n-1}=-\infty}^{\infty} (1+|\tau_i|)|c_n(\tau_1,\tau_2,\cdots,\tau_{n-1})|<\infty$,$i=1,2,\cdots$,$n-1$,则 n 阶累积量谱定义为:

$$c_n(f_1,f_2,\cdots,f_{n-1})=\sum_{\tau_1=-\infty}^{\infty} \cdots \sum_{\tau_{n-1}=-\infty}^{\infty} c_n(\tau_1,\tau_2,\cdots,\tau_{n-1})\exp\{-j(f_1\tau_1+f_2\tau_2+\cdots+f_{n-1}\tau_{n-1})\}$$

$$(4.16)$$

其中 $|f_i|\leqslant \pi$,且 $|f_1+f_2+\cdots+f_{n-1}|\leqslant \pi$。信号的功率谱、双谱和三谱等常用的谱函数为 n 阶累积量谱的特例。

信号的功率谱可理解为其二阶矩或二阶累积量在频域内的映射。对于零均值时间序列,二阶矩和二阶累积量相等,此时功率谱可以采用以下两种方式获得。

(1)间接法:通过对时间序列的二阶矩或二阶累积量开展离散傅里叶变换获得。即:

$$P(f)=DFT[m_2(\tau)] \equiv \sum_{\tau=0}^{N-1} m_2(\tau)e^{-j2\pi\tau f/N} \quad (4.17)$$

(2)直接法:直接对时间序列开展离散傅里叶变换,然后计算功率谱。即:

$$X(f)=DFT[x(k)] \equiv \sum_{k=0}^{N-1} x(k)e^{-j2\pi kf/N} \quad (4.18)$$

$$P(f) \equiv E[X(f)X(-f)] \equiv E[X(f)X^*(f)] \equiv E[|X(f)|^2] \quad (4.19)$$

其中 $*$ 表示复共轭。

功率谱可以理解为信号的能量在频域上的分解或者分布。从其表达式可以看出,功率谱不能反映信号的相位信息。另外,从功率谱中所获得的信息仅对线性过程的完整描述是足够的,而要探讨非高斯、非线性过程,则需要借助于更高阶次的谱分析,其中最常用的就是双谱,即三阶谱。

双谱是三阶累积量在频域内的表达:

$$B(f_1,f_2) \triangleq DDFT[c_3(\tau_1,\tau_2)] \equiv E[X(f_1)X(f_2)X^*(f_1+f_2)] \quad (4.20)$$

其中 $DDFT$ 表示双离散傅里叶变换。

双谱为复数谱,因而能同时反映幅值和相位信息。以 f_1 和 f_2 分别作为两个独立的变量,则可以画出三维谱分布图。由于功率谱存在对称性,双谱在 (f_1,f_2) 平面里存在着 12 个对称区域(后续数值算例中有图片展示),因此在分析时只需要一个区域即可获得足够的信息。图 4.1 所示为双谱分析的主区域,f_s 为采样频率。图中的每个点表示在双频 (f_1,f_2) 处的谱值。事实上,双谱所衡量的是双频 $(f_1$ 和 $f_2)$ 之间的相互作用(耦合)。这种频率间的耦合与系统的非线性相关,因此可将信号的双谱应用于系统的非线性检测。

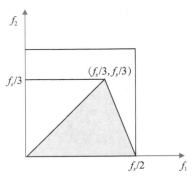

图 4.1　双谱的主区域

4.2.4　双谱的估计

在实际应用中,信号的高阶谱需要用有限的实测数据来估计,其估计方法可将功率谱的估计方法加以推广得到[1,9]。

(1) 间接法:首先将数据分成 K 段,估计每一段数据的三阶累积量;然后对 K 个累积量求平均;最后,选取合适的窗函数对平均化的累积量开展傅里叶变换,从而获得信号的双谱估计。

具体步骤如下:

步骤 1　将数据序列 $x(k)$,$(k=0,1,2,\cdots,N-1)$ 分成 K 段,每段数据长度为 M,则第 i 段数据可写为 $x_i(k)$,$(k=0,1,2,\cdots,M-1)$。这里每段数据可以有重叠,因此 $K \geqslant N/M$;

步骤 2　将每段数据 $x_i(k)$ 进行零均值化处理,得到 $x_i'(k)$,即:

$$\mu_i = \frac{1}{M}\sum_{k=0}^{M-1} x_i(k) \quad (4.21)$$

$$x_i'(k) = x_i(k) - \mu_i \quad (4.22)$$

步骤 3　估计每段数据的三阶累积量:

$$c_{3,i}(m,n) = \frac{1}{M}\sum_{k=s_1}^{s_2} x_i'(k)x_i'(k+m)x_i'(k+n) \quad (4.23)$$

其中 $s_1 = \max(0,-m,-n)$,$s_2 = \min(M-1,M-1-m,M-1-n)$。

步骤 4　将所有数据段的三阶累积量进行平均:

$$\bar{c}_3(m,n) = \frac{1}{K} \sum_{i=1}^{K} c_{3,i}(m,n) \tag{4.24}$$

步骤 5 最后获得信号的双谱估计：

$$\hat{B}(f_1,f_2) = \sum_{m=-L}^{L} \sum_{m=-L}^{L} \bar{c}_3(m,n) w(m,n) e^{\{-j(mf_1+nf_2)\}} \tag{4.25}$$

其中 $L < M-1$；$w(m,n)$ 为二维窗函数，需要与三阶累积量有相同的对称性[9]。

（2）直接法：直接法是对谱估计中常用的 Welch 周期图平均技术的扩展。具体步骤如下：

步骤 1 同间接法，将数据序列分成 K 段，每段长度为 M；

步骤 2 按照式（4.21）和式（4.22）将每段数据进行零均值化处理；

步骤 3 将零均值化后的数据 $x_i'(k)$ 乘以合适的窗函数 $w(k)$，从而控制频谱泄露。窗函数可以是矩形窗、Hamming 窗、Hanning 窗或谱估计中常用的其他窗函数：

$$x_i''(k) = w(k) x_i'(k) \tag{4.26}$$

步骤 4 计算每一信号段的离散傅里叶变换（DFT），记为 $X_i(f)$：

$$X_i(f) = \sum_{k=0}^{M-1} x_i''(k) e^{-j2\pi kf/M} \tag{4.27}$$

其中 f 为离散频率。利用 DFT 可以获得每段数据估计的功率谱和双谱：

$$\hat{P}_i(f) = X_i(f) X_i^*(f) \tag{4.28}$$

$$\hat{B}_i(f_1,f_2) = X_i(f_1) X_i(f_2) X_i^*(f_1+f_2) \tag{4.29}$$

步骤 5 将 K 段数据估计的功率谱和双谱进行平均，从而获得功率谱和双谱的估计：

$$\hat{P}(f) = \frac{1}{K} \sum_{i=1}^{K} \hat{P}_i(f) \tag{4.30}$$

$$\hat{B}(f_1,f_2) = \frac{1}{K} \sum_{i=1}^{K} \hat{B}_i(f_1,f_2) \tag{4.31}$$

4.2.5　归一化（Normalized）的双谱

双谱估计是近似无偏的，估计量的方差取决于二阶谱的性质[11]，即：

$$\mathrm{var}[\hat{B}(f_1,f_2)] \propto P(f_1) P(f_2) P(f_1+f_2) \tag{4.32}$$

由于估计值直接取决于双频中的信号能量，因此估计的方差在能量高的双频处较高，而在能量低的双频处较低，这将会导致严重的估计问题。为了解决这一问题，Hinich[11] 提出一种归一化的双谱，并将其定义为偏度函数（Skewness Function）：

$$s^2(f_1,f_2) \triangleq \frac{|E[B(f_1,f_2)]|^2}{E[P(f_1)] E[P(f_2)] E[P(f_1+f_2)]} \tag{4.33}$$

该归一化的双谱已经被广泛应用于信号的高斯性和线性的检验中。在 MATLAB 的高阶谱分析（HOSA）工具箱中，也采用该偏度函数。然而偏度函数的大小是无界的，式（4.33）中用功率来除双谱的唯一目的是去除上述估计过程中不希望的方差特性。

双相干（Bicoherence）函数是另一种归一化的双谱，可表达为：

$$bic^2(f_1,f_2) \triangleq \frac{|B(f_1,f_2)|^2}{E[|X(f_1)X(f_2)|^2]E[|X(f_1+f_2)|^2]} \tag{4.34}$$

这里 $bic(f_1,f_2)$ 即为双相干函数。

双相干函数估计算子的方差基本满足以下条件[1]：

$$\mathrm{var}[\hat{bic}^2(f_1,f_2)] \approx \frac{1}{K}[1-bic^2(f_1,f_2)] \tag{4.35}$$

其中 K 为估计过程中所取的信号段的数目。当 K 趋向于无穷大时，估计的方差将趋向于 0。双相干函数相比于偏度函数来说，最大的优点是其数值介于 0 和 1 之间，即：

$$0 \leqslant bic^2(f_1,f_2) \leqslant 1 \tag{4.36}$$

为了用有限的实测数据估计双相干函数，可参考双谱估计的直接法，具体过程如下：

首先，利用直接法的前 4 步估计各信号段的功率谱 $\hat{P}_i(f)$ 和双谱 $\hat{B}_i(f_1,f_2)$；

然后，将式（4.34）写为：

$$bic^2(f_1,f_2) \triangleq \frac{|E[X(f_1)X(f_2)X^*(f_1+f_2)]|^2}{E[|X(f_1)X(f_2)|^2]E[|X(f_1+f_2)|^2]} \tag{4.37}$$

于是有：

$$bic^2(f_1,f_2) \triangleq \frac{\left|\frac{1}{K}\sum_{i=1}^{K}X_i(f_1)X_i(f_2)X_i^*(f_1+f_2)\right|^2}{\frac{1}{K}\sum_{i=1}^{K}|X_i(f_1)X_i(f_2)|^2 \frac{1}{K}\sum_{i=1}^{K}|X_i(f_1+f_2)|^2} \tag{4.38}$$

4.3 基于双谱的非线性指标函数

4.3.1 双谱和双相干函数的基本特性

（1）高斯信号的双谱理论值为零。

双谱是三阶累积量的频域表达。由于高斯信号的三阶累积量恒等于零，则其双谱值也为零。

（2）高斯信号的双相干函数理论值也恒等于零。

由于双相干函数或峰值函数为双谱函数的归一化形式，零值的双谱必然得到零值的双相干函数或峰值函数。

（3）非高斯信号的双谱理论值不受高斯噪声的影响。

由于非高斯信号的三阶累积量与高斯噪声无关，因此其双谱也不受噪声影响。

（4）非高斯信号的双相干函数理论值会受到高斯噪声的影响。

由于双相干函数或峰值函数是由双谱除以信号的功率来归一化的，信号的功率与噪声并非无关的,因此非高斯信号的双相干函数会受信号中高斯噪声的影响。

(5) 经线性滤波器滤波后的信号,其双相干函数的大小不变。

假定信号 $x(n)$ 经过一线性、因果、时不变滤波器 $h(k)$ 后,得到信号 $y(n)$,即:

$$y(n) = \sum_{k=0}^{\infty} h(k) x(n-k) \tag{4.39}$$

在频域内,可表达为:

$$Y(f) = H(f) X(f) \tag{4.40}$$

将其带入式(4.37),则有:

$$
\begin{aligned}
bic^2(f_1, f_2) &\triangleq \frac{|E[Y(f_1)Y(f_2)Y^*(f_1+f_2)]|^2}{E[|Y(f_1)Y(f_2)|^2]E[|Y(f_1+f_2)|^2]} \\
&= \frac{|E[H(f_1)X(f_1)H(f_2)X(f_2)H^*(f_1+f_2)X^*(f_1+f_2)]|^2}{E[|H(f_1)X(f_1)H(f_2)X(f_2)|^2]E[|H(f_1+f_2)X(f_1+f_2)|^2]} \\
&= \frac{|E[H(f_1)H(f_2)H^*(f_1+f_2)]|^2}{E[|H(f_1)H(f_2)|^2|H(f_1+f_2)|^2]} \\
&\quad \times \frac{|E[X(f_1)X(f_2)X^*(f_1+f_2)]|^2}{E[|X(f_1)X(f_2)|^2]E[|X(f_1+f_2)|^2]} \\
&= \frac{|E[X(f_1)X(f_2)X^*(f_1+f_2)]|^2}{E[|X(f_1)X(f_2)|^2]E[|X(f_1+f_2)|^2]}
\end{aligned} \tag{4.41}
$$

这一特性可以用来检测信号的产生过程是否为线性。

(6) 如果谐波信号具有二次相位耦合性质,则双相干函数在其谐波分量及其耦合频率处会出现峰值,这一性质将在后续数值算例中展示。

4.3.2 基于双相干函数的非线性指标函数

信号的双相干函数是复正态分布的,其实部和虚部均为正态分布且渐近独立,因此在每一个双频处,双相干函数的平方(即 $bic^2(f_1, f_2)$,以下简记为 bic^2 或称为平方双相干函数)是一个具有 2 自由度的非中心卡方分布变量[3]。

每个双频点处 bic^2 的显著性可通过以下统计假设检验来进行检查:

$$P\left\{ bic^2(f_1, f_2) > \frac{\chi_\alpha^2}{2K} \right\} = \alpha_{significant} \tag{4.42}$$

其中 K 为双相干函数估计中信号段的数目;χ_α^2 为中心卡方分布表中根据显著性水平查得的临界值,如选定显著性水平为 $\alpha_{significant} = 0.01$,则对应于 2 自由度卡方分布的临界值为 $\chi_\alpha^2 = 9.21$。

根据以上统计假设检验,Choudhury 等[2]给出了一个非高斯检验指标:

$$NGI = \frac{\sum bic^2_{significant}}{L} - \frac{\chi_\alpha^2}{2K} \tag{4.43}$$

其中 $bic^2_{significant}$ 为未通过假设检验的 bic^2 显著值,即满足 $bic^2(f_1, f_2) > \frac{\chi_\alpha^2}{2K}$ 的 bic^2 值;L 为

$bic^2_{significant}$ 的数目。如果 $NGI \leqslant \alpha_{significant}$，则为高斯信号，否则为非高斯信号。

如果信号被判定为高斯分布，则振动系统可假定为线性；否则，则需要辨别系统为线性还是非线性。如果系统为非高斯、线性的，在双频主区域内，bic^2 的大小应为非零常数。

基于双相干函数的特性及以上研究，这里定义一个新的非线性指标函数。首先，将统计假设检验获得的显著双相干函数值 $bic^2_{significant}$ 列为一个新的数据序列，记为 BIC；然后，估计 BIC 的基本统计量，如最大值（max）、均值（mean）、均方根（rms）、峰度（kurtosis）和偏度（skewness）；最后利用这些基本统计量构建一无量纲非线性指标函数：

$$NLI = \frac{2 \times \max(BIC) \times \mathrm{rms}(BIC)}{\sqrt{\mathrm{kurtosis}(BIC)} + \sqrt{\max(BIC) \times \mathrm{skewness}(BIC)}} \tag{4.44}$$

其中 $\max(\cdot)$、$\mathrm{rms}(\cdot)$、$\mathrm{kurtosis}(\cdot)$、$\mathrm{skewness}(\cdot)$ 分别为最大值、均方根、峰度和偏度运算符。

如果 NLI 趋向于 0，则系统为线性；否则为非线性。NLI 的数值可以反映非线性的程度。该非线性指标函数的优点将通过数值算例来展示。

4.4　基于双谱的结构损伤检测

本节再次以 3.3 中的含连接松动悬臂梁为例，来探讨自由振动响应的双谱特性及基于双相干函数的非线性检验方法在损伤识别中的应用。

同样用单自由度双线性系统来模拟含连接松动的悬臂梁，该系统的自由振动方程为：

$$m\ddot{x} + c\dot{x} + kx = 0 \tag{4.45}$$

方程中 $k = \begin{cases} k_1, & x < 0 \\ \alpha k_1, & x \geqslant 0 \end{cases}$ 为双线性刚度系数；α 为不同位移方向的刚度系数比。通过调整 α 的数值来模拟不同的损伤程度及非线性程度，其他各参数的含义同式(3.1)。

由于存在双线性刚度，系统的固有频率也将存在以下关系：

$$\omega_m^2 = \begin{cases} \dfrac{k_1}{m} = \omega_n^2, & x < 0 \\[2mm] \alpha \dfrac{k_1}{m} = \omega_p^2, & x \geqslant 0 \end{cases} \tag{4.46}$$

其中 ω_n 和 ω_p 分别为对应于负位移和正位移的子频率。也就是说，对于双线性系统，其无阻尼自由振动包含两个不同频率的谐波，其组合频率可写为：

$$\omega_0 = 2\omega_n\omega_p/(\omega_n + \omega_p) \tag{4.47}$$

本例中共设置了 7 种不同程度的（非线性）损伤程度。各工况下结构的固有频率如表 4.1 所示。当 $\alpha = 1$ 时，系统为线性，其固有频率 $\omega_0 = \omega_m = 31.97$ rad/s。

采用四阶龙格-库塔方法对式(4.45)进行方程求解，即可获得各工况下系统的自由振动响应。在数值求解中，初始条件均取 $\dot{x}_0 = 0, x_0 = 0.05$，即系统有 0.05 m 的初始位移。

表 4.1 不同工况下系统的固有频率

工况	α	ω_n	ω_p	ω_0
Ud	1.0	—	—	31.97
D1	0.9	31.97	30.33	31.13
D2	0.8	31.97	28.59	30.19
D3	0.7	31.97	26.75	29.13
D4	0.6	31.97	24.76	27.91
D5	0.5	31.97	22.61	26.49
D6	0.4	31.97	20.22	24.77
D7	0.3	31.97	17.51	22.63

图 4.2 所示为三种不同损伤工况下系统的自由振动加速度响应信号与无损伤情况的对比。从图中可以看出,损伤的发生会引起加速度振动响应幅值的降低和信号的不对称性。为了定量估计这一影响,图 4.3 给出了各工况下自由振动加速度响应的均方根和偏度。从图中可以看出,随着刚度系数比 α 的减小,均方根数值直线下降,偏度的绝对值增大。正如第 3 章所示,这两个统计参数对"双线性损伤"比较敏感。

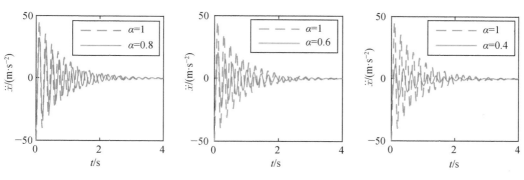

图 4.2 自由振动加速度响应

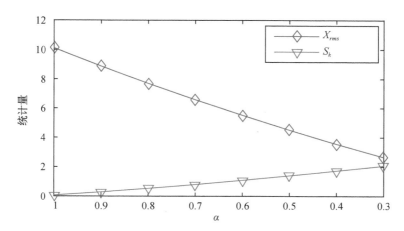

图 4.3 自由振动加速度响应的均方根和偏度

对各工况下的振动响应进行功率谱分析。作为对比,图 4.4 给出了其中 4 个工况的功率谱密度。当 $\alpha=1$ 时,系统的功率谱只在固有频率处存在峰值;损伤的发生会引起倍频现象,即在主频的整数倍($n \times \omega_0$, $n=1,2,3 \cdots$)处出现峰值。对主频处的功率谱曲线进行放大,可以清楚地观察到,主频会随着 α 的减小(即损伤程度或非线性程度的提高)而减小,且数值与表 4.1 中的计算值一致。

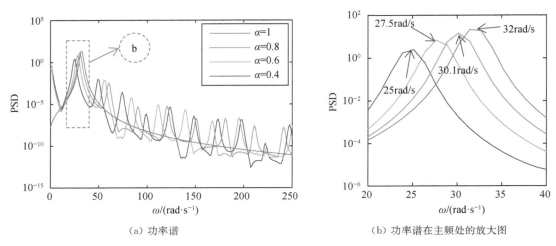

(a) 功率谱   (b) 功率谱在主频处的放大图

图 4.4   四种工况下自由振动响应的功率谱

利用直接法对各工况下的振动响应信号开展双谱分析。由于双谱对信号的偏度较敏感,因此希望通过该分析获得有用的信息来检测非对称型的非线性。

将各加速度响应信号分别划分成 44 个信号段,每段信号长度为 256,相邻段间有 80% 的重叠率。采用 Hamming 窗,通过公式(4.38)计算平方双相干函数 bic^2。

图 4.5 和图 4.6 给出了 4 个工况的 bic^2 计算结果。当系统为线性时(如图 4.5(a)和 4.6(a)所示),bic^2 的等高线图非常"平坦",其最大值为 0.047,接近于零。随着 α 的减小,系统的非线性增强,单从等高线图的色彩上看,bic^2 发生了显著变化。当 $\alpha=0.9$ 时,bic^2 的最大值达到了 0.674;当 $\alpha<0.8$ 时,bic^2 的最大值超过了 0.8。这一结果足以说明,双相干函数对双线性类型的非线性(或损伤)非常敏感。

在以往的研究中[7],bic^2 的最大值常被用来作为损伤指标函数,因此图 4.7 给出了该指标函数随 α 的变化规律。值得注意的是,利用自由振动加速度响应所估计的 bic^2,其最大值与 α 之间并不严格存在单调递增的关系。当 $\alpha<0.8$ 时,bic^2 的最大值几乎相等,因此该指标虽然能够灵敏地指示非线性(损伤)的出现,但不能反映非线性(损伤)的程度。

为了获得一个更好的指标函数,本研究对 bic^2 等高线图的几何特征进行分析。非常有趣的是,所有工况的 bic^2 等高线图均呈"雪花"状,且有 6 片"花瓣",每片"花瓣"也相对于其中轴线对称。不同工况间的区别在于每个"花瓣"的形状。随着 α 的减小,"花瓣"的边界变得清晰且光滑。

除了形状,"花瓣"颜色的分布也随着 α 的变化而变化。亮黄色表示频率分量之间的耦合。值得注意的是,图 4.6 中所示 bic^2 的峰值并不是孤立的,而是呈带状分布,因此在图 4.5

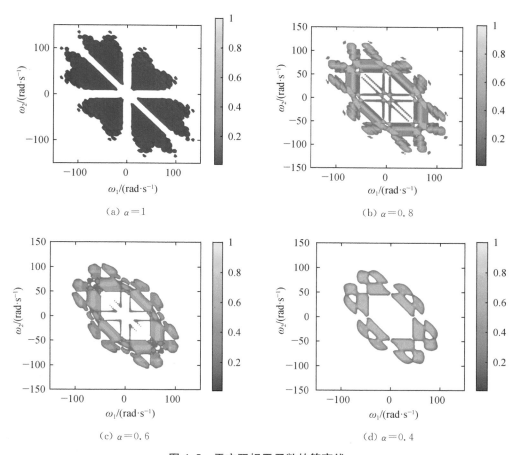

(a) $\alpha=1$

(b) $\alpha=0.8$

(c) $\alpha=0.6$

(d) $\alpha=0.4$

图 4.5　平方双相干函数的等高线

中所看到的耦合频率(亮黄色区域)呈带状分布,且随着 α 的减小,逐渐变成区块状分布。如图 4.8 所示,通过添加辅助线,可以发现其分布模式。所有的耦合频率均位于以不同角度的几条平行线为界限的区域内,如图 4.8 中的 L1~L5。以 $\alpha=0.6$ 为例,这几条界限分别为:

$$L1:\omega_1+\omega_2=50\approx2\omega_p$$
$$L2:\omega_1+\omega_2=75\approx3\omega_p$$
$$L3:\omega_1+\omega_2=110\approx4\omega_0 \tag{4.48}$$
$$L4:\omega_1=50\approx2\omega_p$$
$$L5:\omega_1=75\approx3\omega_p$$

这一特征恰好为图 4.4 中所呈现的倍频现象提供了合理的解释。

考虑图形的对称性,只分析主区域内(即 $0<\omega_1<\pi f_s$,$0<\omega_2<\omega_1$,$2\omega_1+\omega_2<2\pi f_s$ 范围内)半个"花瓣"范围内的数值。如图 4.8 和图 4.9 所示,主区域可以被 L1~L5 划分成 3 个区域,记为 B1,B2 和 B3。从各图的颜色分布可以看出,主要耦合频率位于 B1 范围内,其次是 B2;B3 相对不稳定。随着 α 的减小,B2 区域的颜色分布更加均匀,B3 区域逐渐消失。

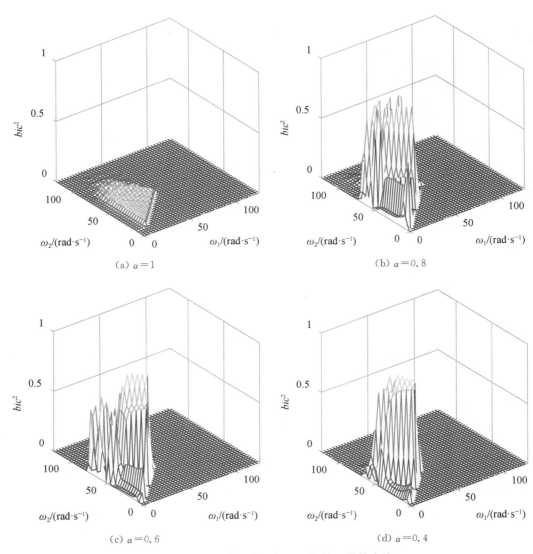

图 4.6　主区域内平方双相干函数的三维等高线

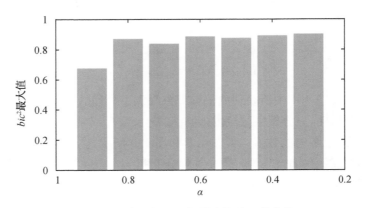

图 4.7　平方双相干函数最大值随 α 的变化

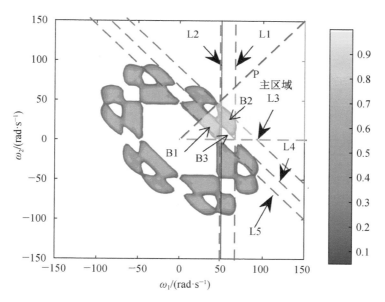

图 4.8　双相干函数等高线图中耦合频率分布模式

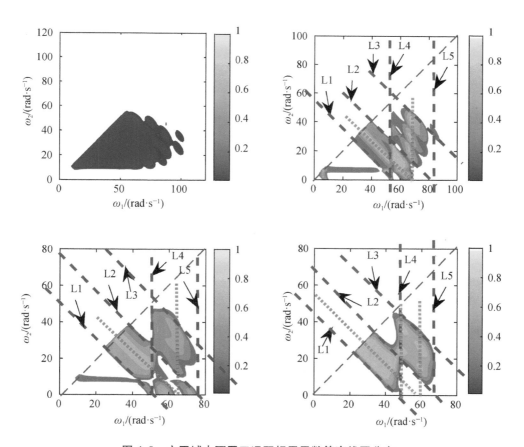

图 4.9　主区域内不同工况双相干函数等高线图分布

在对以上图形分布特征进行分析的基础上,对双相干函数进行定量分析。根据统计假设检验,以显著性水平 $\alpha_{significant}=0.01$,获得各工况的 bic^2 显著值,即 $bic^2_{significant}$。 根据式(4.43)计算指标函数,结果显示,除了线性工况,其余工况的自由振动均为非高斯过程,这一结果证明了该非高斯指标函数对于分析自由振动响应是适用的。

将各工况的 $bic^2_{significant}$ 值分别列为数据序列,即 BIC,然后利用 BIC 的基本统计量来衡量不同损伤工况的非线性程度,如图4.10所示。随着 α 的减小,$bic^2_{significant}$ 的偏度和峰度呈下降趋势,均值和均方根略有增大;而当 $\alpha \leqslant 0.8$ 时,最大值相对稳定,这与前文分析结果一致。

4.3.2 中所给出的无量纲非线性指标函数 NLI(如式(4.44)所示)正是在综合考虑这些统计指标的基础上构建的。各工况下,NLI 的计算结果如图4.11所示。从图中可以看出,该指标与 α 基本成线性关系,即除了能指示非线性(损伤)的存在,又能衡量非线性(损伤)的相对程度。

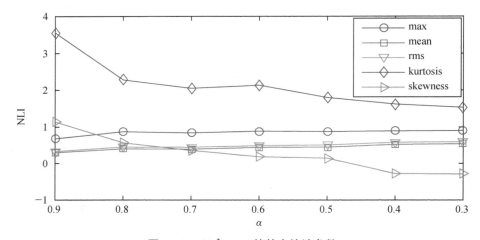

图 4.10 $bic^2_{significant}$ 的基本统计参数

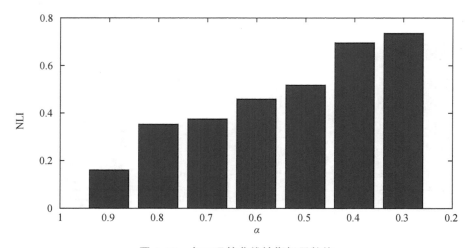

图 4.11   各工况的非线性指标函数值

4.5 本章小结

本章对时间序列的高阶矩、高阶累积量和高阶谱进行了系统回顾。详细介绍了功率谱和双谱的估计方法。根据双谱和双相干函数的基本特性,介绍了非高斯、非线性检验的方法。

为了深入探讨高阶谱在非线性(损伤)检测中的应用,本章再次以第3章中的双线性模型为算例,探讨连接松动损伤所引起的非线性(双线性)与自由振动响应双谱特性之间的关系。研究结果显示,在以往研究中常用来指示损伤的指标——bic^2 的最大值,虽然对非线性(损伤)的产生非常敏感,但与非线性程度并不严格成单调关系,即无法反映非线性(或损伤)的程度。

为了获得更好的非线性(损伤)指标函数,本章首先基于统计假设检验,获得了 bic^2 的显著值 $bic^2_{significant}$,然后对其进行了基本统计分析,根据基本统计量与非线性(损伤)程度的关系,构建了一无量纲非线性指标函数。结果显示,所构建的非线性指标函数与双线性刚度系数比 α 之间基本成线性关系,即该指标函数除了能指示非线性(损伤)的产生,又能反映非线性(损伤)程度的相对大小。

当然,本研究仅涉及了双线性系统的自由振动响应,对于其他类型的非线性系统,以及其他类型的振动响应信号,可根据本章的研究思路开展专门的探讨,从而构建适用的非线性指标函数。通过多参数、多指标的协同应用,不仅可以提高损伤判别的可信度,还能有希望实现对非线性(损伤)类型的辨识。

参考文献

[1] CHOUDHURY M A A S. Detection and diagnosis of control loop nonlinearities, valve stiction and data compression[D]. Edmonton: University of Alberta.

[2] 朱军华,余岭. 基于时间序列分析与高阶统计矩的结构损伤检测[J]. 东南大学学报(自然科学版), 2012, 42(1): 137-143.

[3] CHOUDHURY M A A S, SHOOK D S, SHAH S L. Linear or nonlinear? A bicoherence based metric of nonlinearity measure[J]. IFAC Proceedings Volumes, 2006, 39(13): 617-622

[4] CZELUSNIAK K, STASZEWSKI W J, AYMERICH F. Local bispectral characteristics of nonlinear vibro-acoustic modulations for structural damage detection[J]. Mechanical Systems & Signal Processing, 2022, 178.

[5] HILLIS A, COURTNEY C. Structural health monitoring of fixed offshore structures using the bicoherence function of ambient vibration measurements[J]. Noise & Vibration in Industry, 2012, 26(4): 25-26.

[6] PENG Z K, ZHANG W M, YANG B T, et al. The parametric characteristic of bispectrum for nonlinear systems subjected to gaussian input[J]. Mechanical Systems & Signal Process-

ing，2013，36(2)：456-470.

[7] NICHOLS J M，OLSON C C，MICHALOWICZ J V，et al. The bispectrum and bicoherence for quadratically nonlinear systems subject to non-gaussian inputs[J]. IEEE Transactions on Signal Processing，2009，57(10)：3879-3890.

[8] RIVOLA A，WHITE P R. Bispectral analysis of the bilinear oscillator with application to the detection of fatigue cracks[J]. Journal of Sound & Vibration，1998，216(5)：889-910.

[9] 张贤达. 现代信号处理[M]. 3 版. 北京：清华大学出版社，2015.

[10] NIKIAS C L，PETROPULU A P. Higher-order spectra analysis：A nonlinear signal processing frame work[M]. New Jeresy：Prentice Hall，1993.

[11] HINICH M J. Testing for gaussianity and linearity of a stationary time series[J]. Journal of Time Series Analysis，1982，3：169-176.

5

基于相干函数的结构线性/非线性损伤识别

5.1　引言

相干函数是一种常用的非线性检测方法。它可以通过估计输入和输出信号之间的线性相关性,快速诊断特定频段内是否存在非线性。该方法已被广泛应用于非线性检测、估计或非线性补偿。例如,Shi 等人[1]提出了两种基于相干函数的预失真方法,用于 Hammerstein 系统中的非线性补偿;Filho 等人[2]提出了一种在 SHM 系统中进行损伤检测的新方法,该方法同样利用了信号之间的相干函数。Wu 等人[3]使用条件反向路径法识别非线性结构信号,其中非线性函数采用相干函数来估计。假定无损伤状态下结构是线性的,损伤的发生会引起结构产生一定的非线性,那么利用相干函数所构建的非线性指标函数即可对结构损伤进行有效识别。

然而在实际振动测试中,环境激励(如车辆载荷、风、波浪、冰击荷载等)很难测量,这就限制了相干函数的实际应用。为了解决这一问题,本研究只对振动响应信号进行相干性分析。利用振动响应信号之间的相干性来定义相对损伤函数,构建损伤检测指标和损伤定位指标,从而实现对结构线性/非线性损伤的检测与定位。

为了验证方法的有效性,以单立柱式海上风电支撑结构为算例,分别开展了数值仿真和物理模型实验研究。

5.2　相干函数

假定 $x(t)$ 和 $y(t)$ 为两列平稳随机振动信号,则它们的自(互)相关函数可写为[4]:

$$R_{xx}(\tau) = E[x(t)x(t+\tau)] = \lim_{T \to \infty} \frac{1}{T} \int_0^T x(t)x(t+\tau)\mathrm{d}t \tag{5.1}$$

$$R_{yy}(\tau) = E[y(t)y(t+\tau)] = \lim_{T \to \infty} \frac{1}{T} \int_0^T y(t)y(t+\tau)\mathrm{d}t \tag{5.2}$$

$$R_{xy}(\tau) = E[x(t)y(t+\tau)] = \lim_{T \to \infty} \frac{1}{T} \int_0^T x(t)y(t+\tau)\mathrm{d}t \tag{5.3}$$

其中 E 表示期望。对自（互）相关函数进行傅里叶变换，可获得两列信号的自（互）功率谱密度函数：

$$S_{xx}(\omega) = \int_{-\infty}^{\infty} R_{xx}(\tau) e^{-i\omega\tau} d\tau \tag{5.4}$$

$$S_{yy}(\omega) = \int_{-\infty}^{\infty} R_{yy}(\tau) e^{-i\omega\tau} d\tau \tag{5.5}$$

$$S_{xy}(\omega) = \int_{-\infty}^{\infty} R_{xy}(\tau) e^{-i\omega\tau} d\tau \tag{5.6}$$

于是 $x(t)$ 和 $y(t)$ 的相干函数定义为[5]：

$$\gamma_{xy}(\omega) = \frac{|S_{xy}(\omega)|}{\sqrt{S_{xx}(\omega)S_{yy}(\omega)}} \tag{5.7}$$

在信号处理中，相干函数是一种可以检验两列信号之间关系的统计量，一般用来检验两信号之间的线性相关性。

在非线性系统识别中，相干函数可以通过确定输入信号和输出信号之间的线性相关性，指示信号在特定频段或谐振区是否存在非线性。若 $\gamma_{xy}(\omega) = 1$，则表示完全线性；若 $0 \leqslant \gamma_{xy}(\omega) < 1$，则表示出现不同程度的非线性。在以下研究中，假定输入信号无法获得，只通过分析输出信号之间的相干性来建立损伤识别指标。

5.3 损伤识别指标

5.3.1 损伤检测指标

首先对于同一测点，利用结构损伤前后的振动响应信号进行相干性分析，为了消除测量噪声和结构本身非线性的影响，定义相对损伤函数[6,7]：

$$RDF_{d,i}^{j}(\omega) = \gamma_{x_d x_i}^{j}(\omega) - \gamma_{\hat{x}_i x_i}^{j}(\omega) \tag{5.8}$$

其中 $\gamma_{x_d x_i}^{j}(\omega)$ 为第 j 测点处，损伤工况与初始（无损伤）工况下，振动信号 x_d 和 x_i 间的相干函数；$\gamma_{\hat{x}_i x_i}^{j}(\omega)$ 为第 j 测点处，初始（无损伤）工况下，两次重复测量信号 $\hat{x}_i$ 和 x_i 之间的相干函数。

对上述相对损伤函数取均值 $\overline{RDF_{d,i}^{j}(\omega)}$，并将其定义为损伤检测指标（Damage Detection Index，DDI）：

$$DDI_j = \overline{RDF_{d,i}^{j}(\omega)} \tag{5.9}$$

如果 $DDI_j < 0$，表示该工况相对于初始工况有损伤发生。

该指标可利用单一测点的信号，快速诊断测点附近是否有非线性损伤发生，如有多测点，可进行相互校验，从而提高损伤诊断的可靠性。

5.3.2 损伤定位指标

研究中发现,损伤的发生除了会引起不同测量工况下振动信号间的相干性发生变化,还会导致同一损伤工况下,损伤单元两端相邻两测点间振动信号的相干函数发生波动,利用这一现象可以进一步识别损伤的位置。

对于同一测量工况,对单元 m 两端测点 j 和 $j+1$ 处的振动信号 x_j 和 x_{j+1} 进行相干性分析:

$$\gamma_{x_j x_{j+1}}(\omega) = \frac{|S_{x_j x_{j+1}}(\omega)|}{\sqrt{S_{x_j x_j}(\omega) S_{x_{j+1} x_{j+1}}(\omega)}} \tag{5.10}$$

同样,为消除测量噪声和结构本身非线性的影响,定义单元 m 的局部相对损伤函数 $LRDF_m(\omega)$ 和局部损伤因子 β_m:

$$LRDF_m(\omega) = \gamma^d_{x_j x_{j+1}}(\omega) - \gamma^i_{x_j x_{j+1}}(\omega) \tag{5.11}$$

$$\beta_m = \overline{LRDF_m(\omega)} \tag{5.12}$$

其中 $\gamma^d_{x_j x_{j+1}}(\omega)$, $\gamma^i_{x_j x_{j+1}}(\omega)$ 分别表示有损伤工况和初始(无损伤)工况下,j 和 $j+1$ 两测点振动信号间的相干函数;$\overline{LRDF_m(\omega)}$ 为局部相对损伤函数的均值。当 $\beta_m < 0$ 时,表示 m 单元两端测点信号间的线性相关性降低,即指示有损伤。

将各单元的局部损伤因子 β_m 作为随机变量,并假定符合正态分布,对其进行标准化处理,得到标准化后的损伤定位指标(Damage Localization Index, DLI)[6,7]:

$$DLI_m = \frac{\beta_m - \bar{\beta}}{\sigma_\beta} \tag{5.13}$$

其中 $\bar{\beta}$ 和 σ_β 分别为各单元损伤因子的均值和标准差。

利用单边统计假设检验[8],当 $DLI_m > \hat{\beta}_c$ 时,m 单元发生损伤,其中 $\hat{\beta}_c$ 为损伤阈值。在本研究中,取 $\hat{\beta}_c = 1.5$,此时发生损伤的可信度为 93.32%。

5.3.3 解析模式分解

由于相干函数分析的是两列信号在特定频段或谐振区的线性相关性,因此分析信号需要有相同的带宽。对于带宽或频率成分不同的信号,本研究采用一种两阶段解析模式分解的方法进行信号预处理[9],具体过程如下。

设连续实测信号 $x(t) = s_1 + s_2$,若它的低频成分 s_1 和高频成分 s_2 的频幅不重叠,则存在截断频率 ω_b,使得:

$$s_1 = \sin(\omega_b t) H[\cos(\omega_b t) x(t)] - \cos(\omega_b t) H[\sin(\omega_b t) x(t)] \tag{5.14}$$

其中 ω_b 大于 s_1 的最高频率而小于 s_2 的最低频率,$H(s)$ 为信号的希尔伯特变换。该方法能够快速地把信号中的低频成分 s_1 提取出来,由 $s_2 = x(t) - s_1$ 可得到高频成分。再次选取截断频率,亦可将高频信号 s_2 进行再次分解,该过程称为解析模式分解(Analytic Mode Decomposition，AMD)。

对于采样频率 f_s（圆频率为 $\omega_s = 2\pi f_s$），长度为 N 的离散信号 $x(n)$，$n = [1, 2, \cdots, N]$ 亦可以进行解析模式分解：

$$s_1 = \sin(\omega_b \cdot n/f_s) H[\cos(\omega_b \cdot n/f_s) x(n)] - \cos(\omega_b \cdot n/f_s) H[\sin(\omega_b \cdot n/f) x(n)]$$

$$(5.15)$$

然而该式在分解离散信号时，并没有考虑其频响特性的影响，当 $\omega + \omega_b \geqslant \pi f_s$ 时，分解结果会出现误差。因此采用两步分解法，来消除离散信号解析模式分解的误差，步骤如下。

第 1 步：对信号用 x 进行解析模式分解，记为 $AMD(x)$，并将分解所得结果与原始信号相加获得信号 x_1：

$$x_1 = x + AMD(x) \tag{5.16}$$

第 2 步：对 x_1 进行第二次解析模式分解，并通过以下方式获得分解信号 s_1：

$$s_1 = \begin{cases} AMD(x_1)/2, & \omega_b \leqslant \omega_s/4 \\ x_1 - AMD(x_1)/2, & \omega_b > \omega_s/4 \end{cases} \tag{5.17}$$

5.4　结构损伤识别数值研究

为验证所提出的损伤识别指标的有效性，利用 ANSYS 有限元软件开展数值建模和振动测试数值仿真。

首先，利用模态分析探讨局部损伤对结构整体模态参数的影响；然后，利用结构动力分析开展振动测试仿真实验，获取冲击荷载和随机波浪荷载下的结构振动响应，通过后处理模块提取特定自由度的振动响应信号；最后，开展损伤识别研究，从而验证所构建的损伤识别指标。

5.4.1　数值模型

模型基本数据如表 5.1 所示，整体结构共包含三个部分：桩、连接段和塔筒。塔顶标高为 +60 m，桩底标高为 −40 m，由于本研究不涉及桩土作用，采用规范[10]中推荐的等效固定桩来模拟，桩底固定端标高为 −20 m。

由于本研究中不涉及结构的真实受力情况，只为了便于提出和验证损伤识别方法，风机将作为固定质量加于塔顶，根据设计资料，该风机质量为 85 t，另外连接段处的相关辅助设施质量为 6 t，也作为集中质量处理，加于标高 +5 m 处。有限元模型如图 5.1 所示。

表 5.1　模型数据

单元	标高/m	长度/m	直径壁厚/mm	集中质量/t
Pipe288 单元	−20~0	20	$\phi 4\,000 \times 65$	—
	0~+5	5	$\phi 4\,200 \times 65$	—

（续表）

单元	标高/m	长度/m	直径壁厚/mm	集中质量/t
Beam188 单元	+5～+60	55	$\phi3\,800\times35$	—
		—	$\phi2\,200\times35$	—
Mass21 单元	+5	—	—	6
	+60	—	—	85

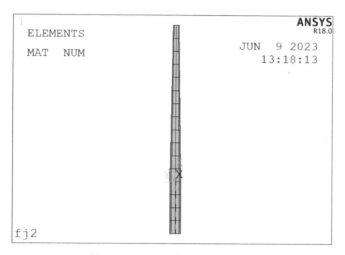

图 5.1　ANSYS 中的有限元模型

单立柱式海上风机结构,其薄弱位置位于上部塔架与下部桩基之间的连接段。本研究将连接段处的单元(单元 12)作为易损单元,通过减小该单元的侧向刚度来模拟局部损伤。

本例采取减小弹性模量 E 的方式来达到减小刚度的目的。本研究将开展 6 种工况模拟,分别是无损伤、损伤 5%、损伤 10%、损伤 20%、损伤 30% 和损伤 50%,不同损伤工况下的模拟弹性模量如表 5.2 所示。

表 5.2　各工况下的参数

单位:Pa

	无损伤	损伤 5%	损伤 10%	损伤 20%	损伤 30%	损伤 50%
弹性模量 E	2.06×10^{11}	1.96×10^{11}	1.85×10^{11}	1.65×10^{11}	1.44×10^{11}	1.03×10^{11}

5.4.2　模态分析

结构的局部损伤通常会引起结构固有特性或大或小的改变,现有的研究往往会利用这一关系来构建损伤判别指标。本研究将首先探讨损伤对模态特性的影响。

基于 ANSYS 模态分析,本研究计算了不同损伤程度下结构的模态频率和振型,如表 5.3 和表 5.4 所示。其中振型的变化通过模态置信度准则(Modal Assurance Criterion, MAC)来衡量,其表达式如下:

$$MAC_{ij} = \frac{|\boldsymbol{\phi}_i^{\mathrm{T}}\boldsymbol{\phi}_j|^2}{\boldsymbol{\phi}_i^{\mathrm{T}}\boldsymbol{\phi}_i\boldsymbol{\phi}_j^{\mathrm{T}}\boldsymbol{\phi}_j} \tag{5.18}$$

其中 $\boldsymbol{\phi}_i$、$\boldsymbol{\phi}_j$ 均为振型向量,为列向量;i、j 为模态阶次。

可以看出,损伤对结构低阶模态频率的影响略高于对高阶模态频率的影响;但总体上来说,局部损伤对结构整体模态频率的影响不大,当连接段损伤程度达到 50% 时,频率最大变化率仅有 −1.54%。

损伤对结构高阶模态振型的影响要高于对低阶模态振型的影响,对前 4 阶模态的影响非常小。第 5、6 阶模态振型虽然对损伤比较敏感,但在实际振动测试中,高阶模态较难获得,因此实际应用会受到限制。

表 5.3   不同损伤工况下结构前 6 阶的模态频率

损伤工况		1 阶	2 阶	3 阶	4 阶	5 阶	6 阶
无损伤	频率/Hz	0.486 5	0.486 5	2.795	2.795	7.257 6	7.257 6
损伤 5%	频率/Hz	0.485 84	0.485 84	2.794 5	2.794 5	7.251 6	7.251 6
	变化率/%	−0.135 7%	−0.135 7%	−0.017 9%	−0.017 9%	−0.082 6%	−0.082 6%
损伤 10%	频率/Hz	0.485 04	0.485 04	2.793 8	2.793 8	7.244 3	7.244 3
	变化率/%	−0.3%	−0.3%	−0.043%	−0.043%	−0.183 2%	−0.183 2%
损伤 20%	频率/Hz	0.483 33	0.483 33	2.792 5	2.792 5	7.228 7	7.228 7
	变化率/%	−0.651 6%	−0.651 6%	−0.089 4%	−0.089 4%	−0.398 2%	−0.398 2%
损伤 30%	频率/Hz	0.481 05	0.481 05	2.790 6	2.790 6	7.207 9	7.207 9
	变化率/%	−1.12%	−1.12%	−0.157%	−0.157%	−0.684 7%	−0.684 7%
损伤 50%	频率/Hz	0.474 12	0.474 12	2.785 1	2.785 1	7.145 8	7.145 8
	变化率/%	−2.544%	−2.544%	−0.354%	−0.354%	−1.54%	−1.54%

表 5.4   不同工况下前六阶的 MAC 值

	1 阶	2 阶	3 阶	4 阶	5 阶	6 阶
损伤 5%	1	1	0.999 4	0.999 5	0.57	0.570 1
损伤 10%	1	1	0.999 9	1	0.954 1	0.954
损伤 20%	1	1	0.999 9	1	0.635 5	0.635 5
损伤 30%	1	0.999 9	0.999 7	0.999 8	0.821 9	0.821 9
损伤 50%	1	1	0.999 5	0.999 6	0.945 7	0.945 7

5.4.3 振动测试数值仿真

(1)自由振动

自由振动仿真实验的示意图如图 5.2 所示。以无损伤工况为例介绍自由振动仿真实验的开展过程。

荷载模拟：采用冲击荷载，冲击荷载作用的大小与时间如图 5.2(a)所示，荷载施加于风机塔顶；

响应分析：在 ANSYS 中采用瞬态动力分析，时程分析作用时间设为 30 s，时间步长设为 0.01 s；

测点设定：假定仅在 1～16 结点（自上而下编号）的 x 方向布置测点（该算例中提取的各测点的位移信号），利用 ANSYS 后处理提取相应测点的自由振动响应，如图 5.2(b)所示。

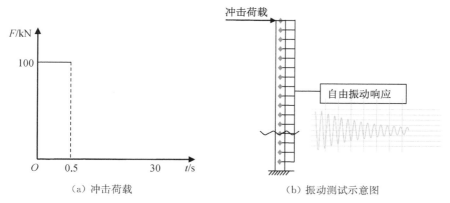

(a) 冲击荷载　　　　　　　　　　　　(b) 振动测试示意图

图 5.2　自由振动仿真实验示意图

根据以上流程开展各工况下结构的自由振动数值仿真分析，图 5.3 所示为测点 12 处的自由振动响应信号。

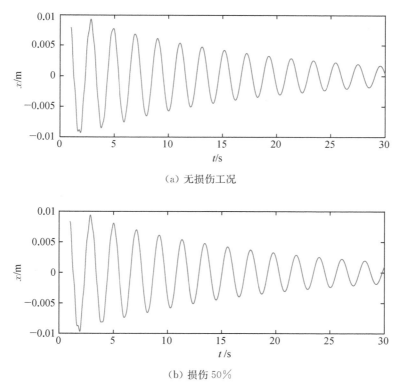

(a) 无损伤工况

(b) 损伤 50%

图 5.3　结点 12 处位移响应时程

为了验证仿真信号的有效性,采用傅里叶变换对所获得的振动响应信号进行频谱分析。无损伤工况下,结构自由振动信号的频谱分析结果如图 5.4(a)所示。从图中可以看出,自由振动信号的频率与结构第 1 阶模态一致,说明该方法开展的仿真实验获得的自由振动信号数据能够准确反映结构的固有特性,验证了仿真实验的有效性。有损伤工况下,结构自由振动响应信号的频谱如图 5.4(b)所示,同样与模态分析结果一致。

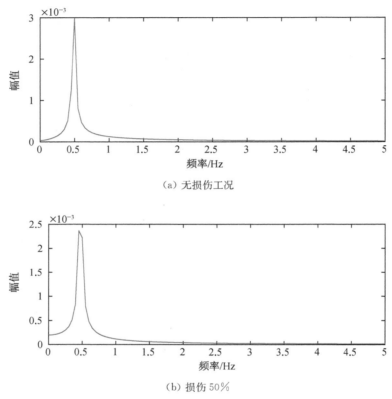

（a）无损伤工况

（b）损伤 50%

图 5.4 仿真信号的频谱

（2）随机振动

波浪荷载是海洋工程结构所承受的最重要的环境荷载之一,模拟波浪荷载作用下结构的随机振动响应,并基于此来开展损伤识别研究,对于验证损伤识别方法的实用性具有重要意义。

波浪可以被看作是无数个具有不同频率、不同方向、不同幅度和不同相位的线性波所合成的随机波,无数的线性波便构成了波浪谱。波浪谱是研究海浪特征的一种方法。通过对海浪的频率、波长、能量等参数的测定与分析,可获得海浪的频谱与数据。波浪谱是研究海洋中波浪生成、传播与消亡的有效手段,在海洋工程、海洋交通、海洋环保等领域有着广泛的应用。此外,还可将海浪谱在海洋预测、天气预报等领域作为一种有效的预测手段。

本研究中采用 JONSWAP 谱来模拟随机波浪,然后利用莫里森方程来计算结构所受的随机波浪力。假定该风机所在海域的波浪谱频率范围为 $0.1 \sim 4$ rad/s,将随机波浪模拟为 m 个不同频率线性波的叠加,其波面方程记为 $\eta(t)$[11]:

$$\eta(t) = \sum_{i=1}^{m} A_i \cos(\hat{\omega}_i t + \theta_i) \tag{5.19}$$

其中 m 取 300；A_i 为第 i 个线性波浪分量的幅值；$\hat{\omega}_i$ 为第 i 个线性波浪分量的代表频率；θ_i 为第 i 个波浪分量的相位角，在 $[-\pi, \pi]$ 中随机取。

其中每个线性波分量的振幅 A_i 通过波浪谱来确定：

$$A_i = \sqrt{2S(\hat{\omega}_i)\Delta\omega} \tag{5.20}$$

本研究中采用 JONSWAP 波浪谱[12]，公式如下所示：

$$S_\xi(\omega) = 319.34 \frac{\bar{\xi}_{W/3}^2}{T_p^4 \omega^5} \left\{ -\frac{1\,948}{(T_p\omega)^4} \right\} 3.3^{\exp\left[-\frac{(0.159\omega T_p - 1)^2}{2\sigma^2} \right]} \tag{5.21}$$

其中 T_p 为谱峰周期，即波谱峰值对应的周期。

为防止模拟误差，各波分量的频率间隔平均值为常数，但并非为等间隔，其模拟方式如下：

$$\omega_a \leqslant \hat{\omega}_i \leqslant \omega_b, \hat{\omega}_i \in [0.1\ \text{rad/s}, 4\ \text{rad/s}] \tag{5.22}$$

$$\Delta\omega = \frac{\omega_b - \omega_a}{m - 1} \tag{5.23}$$

$$\hat{\omega}_i = \omega_a + (i-1)\Delta\omega(\varepsilon + 1) \tag{5.24}$$

其中 ε 为均值为 0，方差为 1 的高斯随机数。

图 5.5 所示为模拟得到的随机波浪及其谱分布，通过对比可以看出模拟波浪的谱分布与理论谱吻合较好，从而验证了该波浪模拟方法的正确性。

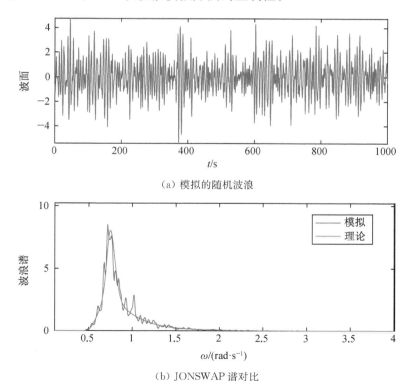

（a）模拟的随机波浪

（b）JONSWAP 谱对比

图 5.5　随机波浪及其波浪谱

根据线性波理论[13],对于式(5.19)中每一个波分量,其水质点速度水平分量为:

$$u_{xi} = A_i \hat{\omega}_i \frac{\text{ch}[k_i(z+d)]}{\text{sh}(k_i d)} \cos(\hat{\omega}_i t + \theta_i) \tag{5.25}$$

水质点加速度水平分量为:

$$\dot{u}_{xi} = -A_i \hat{\omega}_i^2 \frac{\text{ch}[k_i(z+d)]}{\text{sh}(k_i d)} \sin(\hat{\omega}_i t + \theta_i) \tag{5.26}$$

其中 d 为水深(m);k_i 为第 i 个波分量的波数。根据线性波色散关系:$k_i = \dfrac{\hat{\omega}_i^2}{g}$,$g = 9.8 \text{ m/s}^2$,$g$ 为重力加速度。

由此可得,随机波浪中,水质点的水平速度和加速度分别为:

$$u_x = \sum_{i=1}^{m} u_{xi} = \sum_{i=1}^{m} A_i \hat{\omega}_i \frac{\text{ch}[k_i(z+d)]}{\text{sh}(k_i d)} \cos(\hat{\omega}_i t + \theta_i) \tag{5.27}$$

$$\dot{u}_x = \sum_{i=1}^{m} \dot{u}_{xi} = \sum_{i=1}^{m} -A_i \hat{\omega}_i^2 \frac{\text{ch}[k_i(z+d)]}{\text{sh}(k_i d)} \sin(\hat{\omega}_i t + \theta_i) \tag{5.28}$$

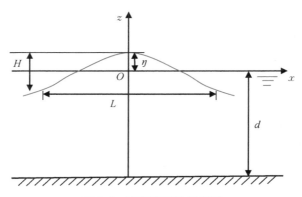

图 5.6 微幅波理论坐标系

根据莫里森方程[14],对于小尺度构件,作用于单位柱高上的水平波浪力为:

$$\begin{aligned}F &= F_D + F_I \\ &= \frac{1}{2}\rho C_D A \,|u_x|\, u_x + \rho C_M V \dot{u}_x\end{aligned} \tag{5.29}$$

其中 C_D 为拖曳力系数,取 1.0;C_M 为惯性力系数,取 2.0;V 为构件单位长度的排水体积,(m³/m);A 为单位长度桩柱在垂直于 u_x 方向上的投影,(m²/m)。

将以上随机波浪力计算过程进行 MATLAB 编程,计算得到的波浪力时程数据,如图 5.7 所示。由于随机波浪的拟合过程具有随机性,虽然波浪的基本统计特性、波浪谱是确定的,但每次模拟获得的随机波浪力时程具有随机性,因此在随机振动数值仿真中,每个工况采用一组新的随机波浪数据计算其波浪力时程。

图 5.8 所示为随机振动仿真实验的示意图,以无损伤工况为例介绍仿真实验的开展

过程。

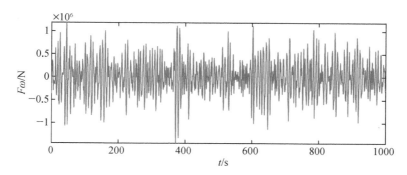

图 5.7　随机波浪力时程

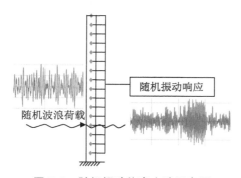

图 5.8　随机振动仿真实验示意图

荷载模拟:采用上述波浪力模拟方式,利用 MATLAB 进行编程模拟,将计算得到的波浪力时程数据存储为 txt 格式的文件。

响应分析:在 ANSYS 中采用瞬态动力分析,时程分析作用时间设为 30 s,时间步长为 0.01 s,将 MATLAB 程序中保存的波浪力 txt 文件调入到 ANSYS 中,为了简单起见,将波浪力作为集中荷载施加于波面附近结点。

测点设定:假定仅在 1~16 结点(序号自上而下)的 x 方向布置测点(该研究中提取的各测点的加速度信号),利用 ANSYS 后处理提取相应测点的随机振动响应。

图 5.9 所示为无损伤和损伤 50% 两种工况下,结点 12 处 x 方向的加速度响应信号。

随机振动响应的傅里叶谱如图 5.10 所示,其频率范围在 0~0.6 Hz,与波浪谱频率范围一致$\left(0.1\sim4 \text{ rad/s}, 1 \text{ rad/s}=\frac{1}{2\pi} \text{ Hz}\right)$,且峰值出现在结构的第一阶频率处,该结果验证了仿真实验的有效性。

5.4.4　结构损伤识别

(1) 基于自由振动响应的结构损伤识别

以 12 结点处的自由振动响应信号为例,将 5 种损伤工况与无损伤工况的振动响应信号进行相干性分析,结果如图 5.11 所示。

从图 5.11 可以看出,无损伤工况下,两次测试信号之间的相干性为 1。5 种损伤工况的振动信号与无损伤工况的振动信号之间的相干性均小于 1,且损伤程度越高,相干性越低,这一特性说明自由振动信号的相干性可作为损伤识别的有效判据。

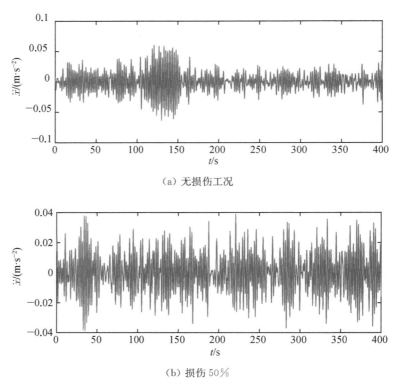

（a）无损伤工况

（b）损伤 50%

图 5.9　结点 12 处加速度时程

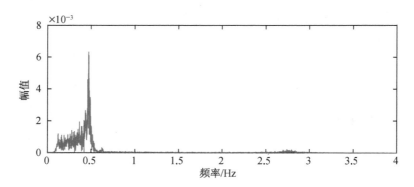

图 5.10　损伤 50%工况下结点 12 处信号的傅里叶谱

表 5.5　结点 12 处 5 种损伤工况的 DDI 值

	损伤 5%	损伤 10%	损伤 20%	损伤 30%	损伤 50%
DDI	0.046 4	0.103 3	0.228 8	0.411 9	1.322 9

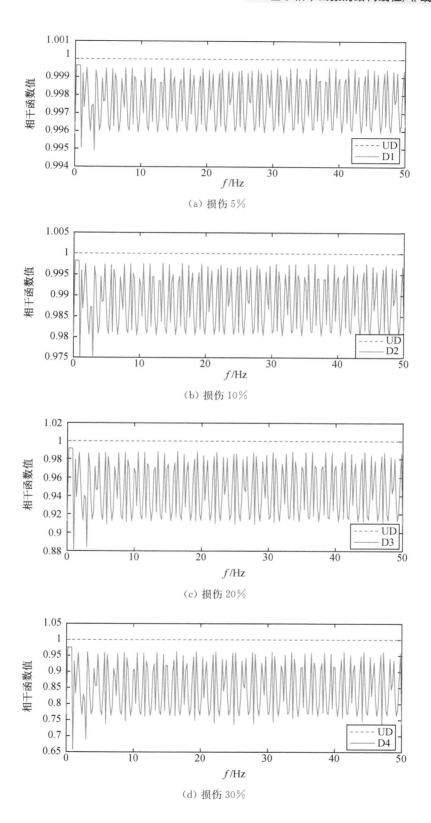

（a）损伤 5%

（b）损伤 10%

（c）损伤 20%

（d）损伤 30%

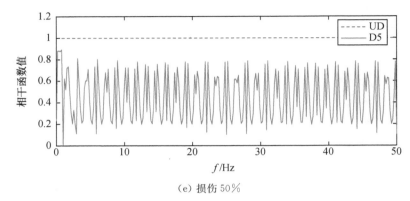

（e）损伤 50%

图 5.11　结点 12 处各损伤工况的相干函数示意图

　　对各损伤工况下的相干函数进行分析，计算相对损伤函数（RDF）和相对损伤函数均值（MRDF），结果如图 5.12 所示。并以 MRDF 来定义损伤检测指标 DDI，可得到各损伤工况下的 DDI 值，如表 5.5 和图 5.13 所示。

　　从图 5.13 可以直观看出，随着损伤程度的增加，损伤检测指标 DDI 呈现递增的趋势，这说明所构建的 DDI 能十分敏感地检测到损伤。除了结点 12，其他测点处的信号同样可以得到相似的 DDI 计算结果。

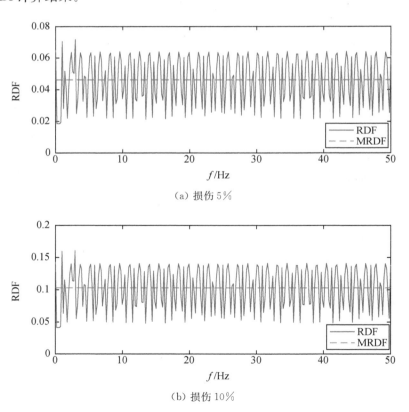

（a）损伤 5%

（b）损伤 10%

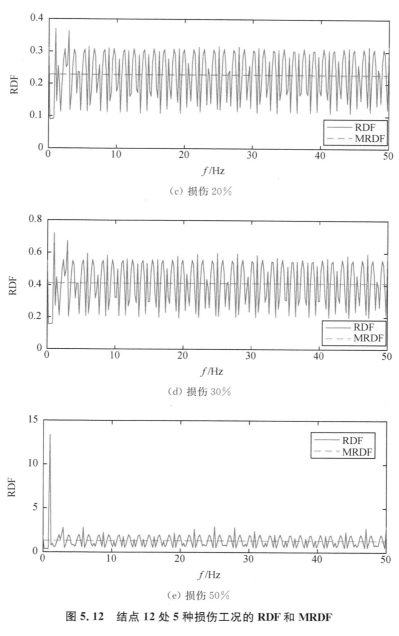

（c）损伤 20%

（d）损伤 30%

（e）损伤 50%

图 5.12　结点 12 处 5 种损伤工况的 RDF 和 MRDF

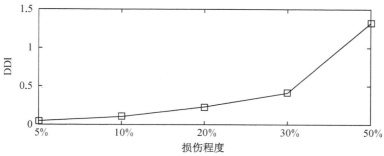

图 5.13　结点 12 处 5 种损伤工况的 DDI 值

根据公式(5.13),构建损伤定位指标 DLI,结果如图 5.14 所示,12 号单元损伤定位指标均超过阈值(大于 1.5),说明在该单元处发生了损伤,与实验模拟的损伤位置(12 结点～13 结点)一致。可以注意到,部分工况的 11 号单元的 DLI 值同样超过阈值,该现象属于正常情况,因为损伤单元的邻近单元其信号变化也会相对明显。以上研究结果说明,本文所构建的损伤定位指标能够准确定位损伤位置。

（2）基于随机振动响应的结构损伤识别

由 5.3 节公式可以看出,本研究所构建的损伤识别指标是基于结构损伤前后其自由振动响应信号的相干性发生改变这一原理的。而现实中,结构的随机振动响应往往更容易采集。为了将方法的适用范围推广到随机振动响应,本部分提出一种两阶段式损伤识别策略。

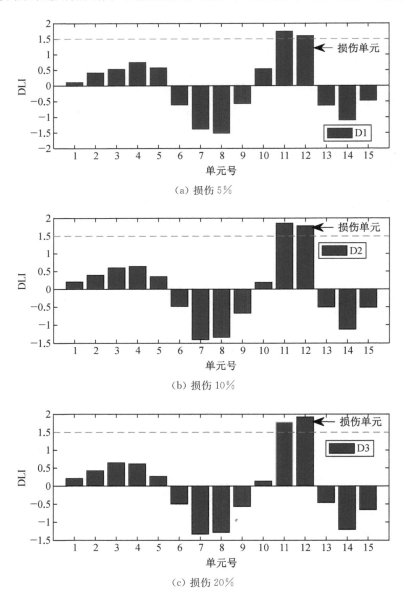

（a）损伤 5%

（b）损伤 10%

（c）损伤 20%

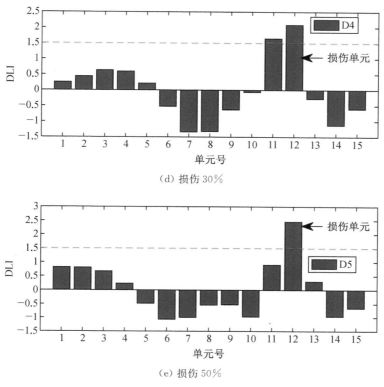

（d）损伤 30%

（e）损伤 50%

图 5.14　不同工况的 DLI

第一步：利用随机减量技术（Random Decrement Technique，RDT）对随机响应信号进行预处理。RDT 通过对样本进行平均，可去除系统中的随机因素，从而得到系统在初始激励作用下的自由响应。其基本思想是假定一个受到平稳随机激励的系统，其响应是由初始条件决定的确定性响应和外载荷激励的随机响应两者的叠加。在相同初始条件下对响应的时间历程进行多段截取，并对截取的多段样本信号进行平均，从而达到提取自由衰减响应的目的。

第二步：利用随机减量后获得的衰减信号构建损伤识别指标，进行损伤识别。

为了验证以上两阶段式损伤识别策略的有效性，利用数值仿真获得的随机响应信号进行损伤识别研究。

首先将不同工况下各结点的加速度响应信号通过 RDT 转化成近似自由振动衰减信号，如图 5.15 所示。计算随机减量信号的频谱，如图 5.16 所示。从图中可以看出，随机减量信号的频谱特性与自由振动信号的谱特性基本一致。

然后对分解后的各工况信号进行相干性分析，得到相干函数，如图 5.17 所示。从图中可以看出，在随机荷载作用下，无损伤工况两组测试数据间线性相干程度较高，数值基本接近于 1。损伤的发生会引起相干函数值的降低，损伤程度越大，相干函数值越低，这说明相干函数同样可以利用随机振动响应的随机减量信号来检测损伤的发生。

最后计算相对损伤函数（RDF）和相对损伤函数均值（MRDF）（图 5.18），并以 MRDF 作为损伤检测指标 DDI，如表 5.6 和图 5.19 所示。由此明显看出，随损伤程度的增加，DDI 也呈现递增的趋势,这说明所构建的损伤检测指标借助于 RDT 技术可利用随机振动信号来实现损伤检测。

损伤定位指标 DLI 如图 5.20 所示,结果显示 12 号单元的损伤定位指标超过了阈值(1.5),与模拟的损伤位置相符,这说明本研究所构建的损伤定位指标同样适用于随机振动响应。

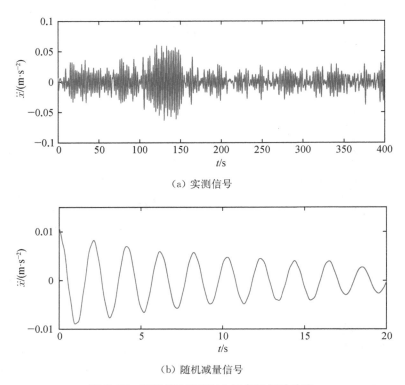

（a）实测信号

（b）随机减量信号

图 5.15 无损伤工况下 12 结点处振动响应

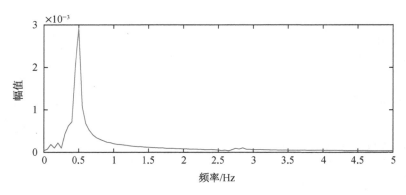

图 5.16 随机减量信号的频谱

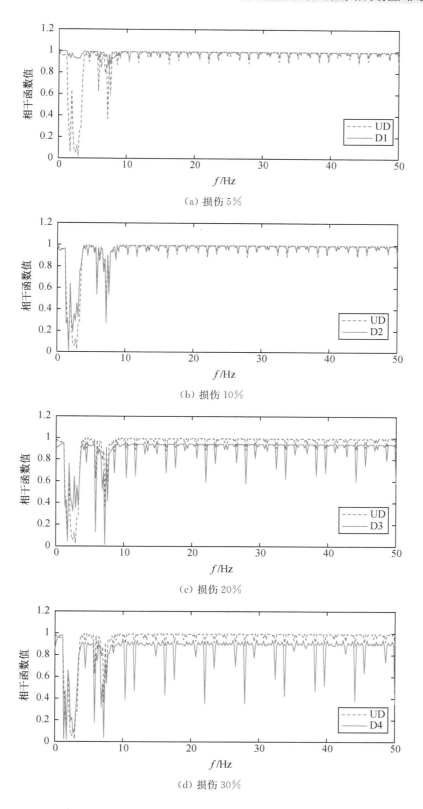

（a）损伤 5%

（b）损伤 10%

（c）损伤 20%

（d）损伤 30%

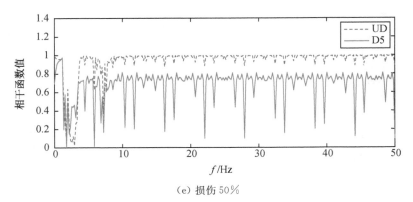

（e）损伤50%

图5.17 结点12处各损伤工况的相干函数示意图

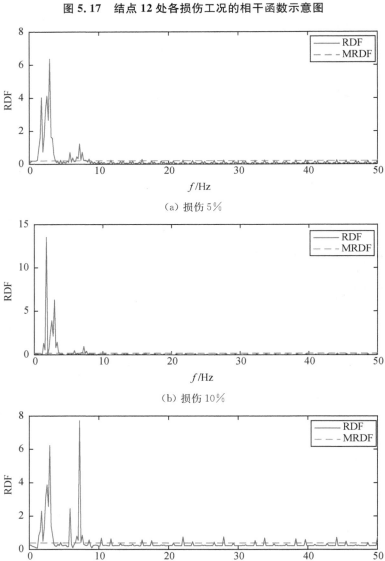

（a）损伤5%

（b）损伤10%

（c）损伤20%

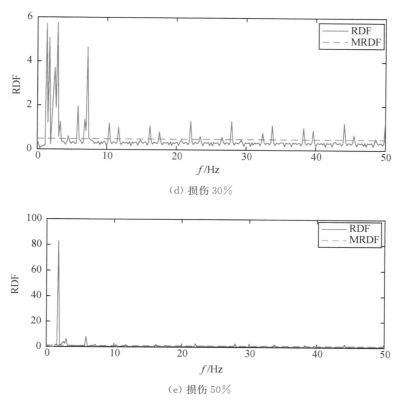

（d）损伤 30%

（e）损伤 50%

图 5.18　结点 12 处 5 种损伤工况的 RDF 和 MRDF

表 5.6　结点 12 处 5 种损伤工况的 DDI 值

	损伤 5%	损伤 10%	损伤 20%	损伤 30%	损伤 50%
DDI	0.207 7	0.199 7	0.394 8	0.479 8	1.072 0

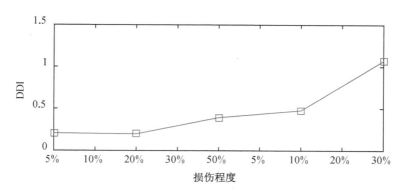

图 5.19　结点 12 处 5 种损伤工况的 DDI 值

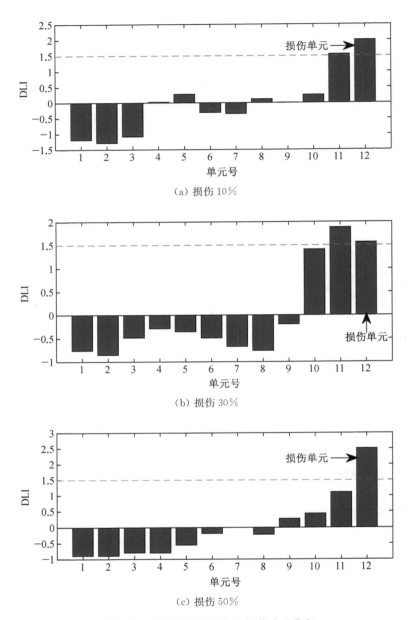

(a) 损伤 10%

(b) 损伤 30%

(c) 损伤 50%

图 5.20 不同工况下各单元损伤定位指标

5.5 结构损伤识别实验研究

5.5.1 试验模型

为验证基于相干函数的结构损伤识别方法的实用性,以一 1.5 MW 单立柱式海上风电支撑结构(如图 5.21(a)所示)为原型,设计了一钢制缩尺模型,如图 5.21(b)所示,其长度比尺为 1 : 100。模型材料为 Q235 无缝钢管,桩基采用等效固定桩来模拟,风机采用 2 kg 集中质量块模拟。塔筒高度为 1 m,截面为 φ20 mm×3 mm;等效固定桩长为 0.3 m,截面为 φ26 mm×3 mm;桩顶与塔筒底部采用法兰连接。由于本研究不涉及结构的力学性能,仅用于验证损伤识别方法,因此模型不完全符合相似准则。

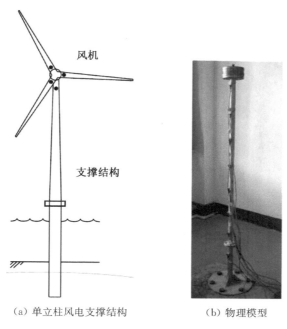

（a）单立柱风电支撑结构　　　　　（b）物理模型

图 5.21　单立柱结构模型

5.5.2　振动测试

振动测试中,采用力锤敲击结构顶部模拟冲击激励,利用 8 个 1C101 单向加速度传感器连接 DH5923 动态信号采集仪来拾取结构 8 个测点处的自由振动响应信号,其中 1C101 加速度传感器采用 5 V 稳压电源供电,在振动测试中所用仪器如图 5.22(d)和(e)所示,传感器布置方案如图 5.23 中菱形符号所示。

为了初步掌握该模型的动力特性,在振动测试开展前,采用 MATLAB 编程建立结构的有限元模型,并开展模态分析,如图 5.23 和图 5.24 所示。为了与振动测试中传感器的布置位置相适应,分析中利用 10 个结点将结构划分成了 9 个单元,其中 2～9 号结点为传感器布置位置。材料弹性模量为 $2.06×10^{11}$ Pa,密度为 7 850 kg/m³。利用特征值分析,可以得到结构的前三阶模态频率分别为 5.322 5 Hz,57.527 9 Hz 和 165.615 6 Hz,振型如图 5.24 所示。

振动测试共设置 4 种工况,包括 1 个无损伤工况和 3 种不同程度的有损伤工况,如表5.7 所示。螺栓松动是结构中常见的一种非线性损伤。实验中,通过拧松桩顶与塔筒底部法兰连接处的螺栓来模拟结构不同程度的损伤,如图 5.22(c)所示。根据相对损伤函数的定义,需要对无损伤工况开展两次重复测试。典型加速度时程曲线如图 5.25 所示。

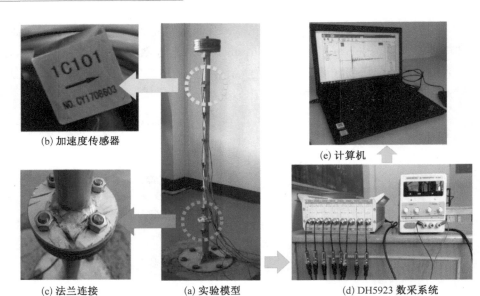

(b) 加速度传感器

(e) 计算机

(c) 法兰连接

(a) 实验模型

(d) DH5923 数采系统

图 5.22 实验模型与振动测试仪器

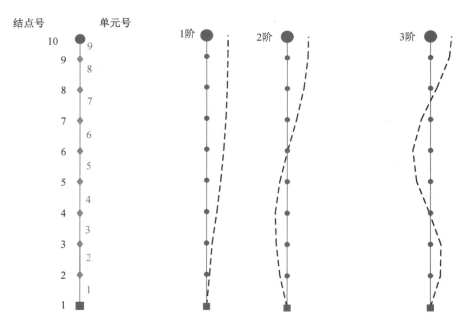

图 5.23 有限元模型及传感器布置   图 5.24 前三阶模态 FE 分析结果

表 5.7 振动测试工况

损伤工况	损伤模拟	损伤程度
无损伤工况	—	结构完好
损伤工况 1	拧松一颗螺栓	轻度损伤
损伤工况 2	拧松两颗螺栓	中度损伤
损伤工况 3	拧松三颗螺栓	重度损伤

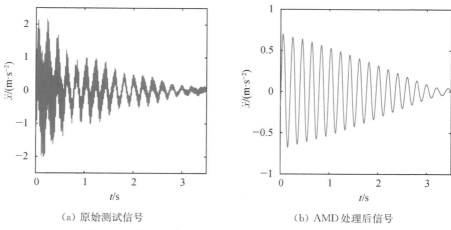

（a）原始测试信号　　　　　　　　　（b）AMD 处理后信号

图 5.25　第 8 结点处无损伤工况下的加速度时程曲线

5.5.3　结构损伤识别

（1）损伤检测

由于结构同一测点处的振动响应信号频率带宽基本相同，因此可以直接利用式（5.8）和式（5.9）构建损伤检测指标 DDI。根据公式（5.1）～（5.7），将各损伤工况下相同测点处的振动信号与无损伤工况下的振动信号进行相干性分析。

以结点 7 为例，图 5.26 所示为各工况下的相干函数，红色虚线为相干函数均值。其中，无损伤工况下的两次重复测量之间亦做相干性分析。三种损伤工况下，相干函数均值分别为 0.574 2，0.473 2，0.42，均小于 1，且随着损伤程度的增大，相干函数均值明显变小。无损伤工况下，两次重复测量间的相干函数均值为 0.805 9，也小于 1，原因主要在于测量噪声和结构本身非线性的影响。为了消除这种影响，利用公式（5.8）计算各工况下的相对损伤函数，结果如图 5.27 所示，轻度损伤时为 −23.17%，中度损伤时为 −33.27%，而重度损伤时为 −38.58%。

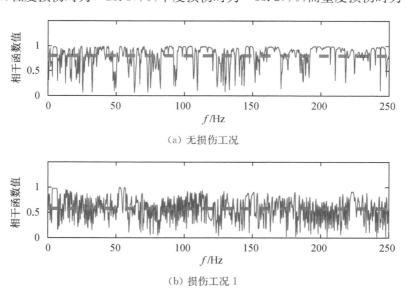

（a）无损伤工况

（b）损伤工况 1

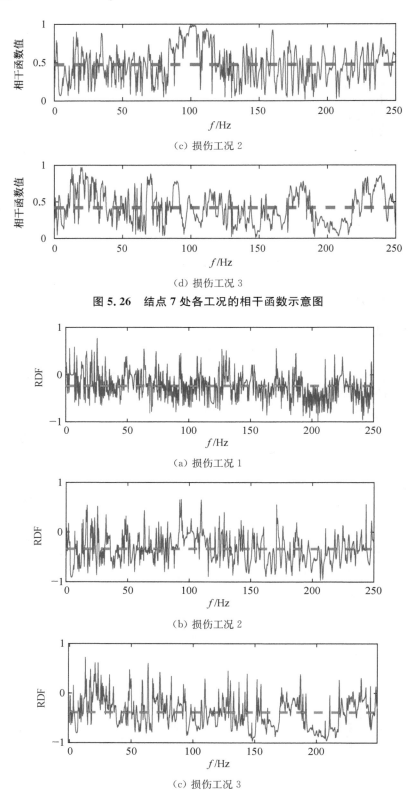

（c）损伤工况 2

（d）损伤工况 3

图 5.26　结点 7 处各工况的相干函数示意图

（a）损伤工况 1

（b）损伤工况 2

（c）损伤工况 3

图 5.27　结点 7 处各工况的相对损伤函数示意图

利用各测点信号构建 DDI,结果如图 5.28(a)所示,可见本研究构建的 DDI 可以灵敏地指示结构非线性损伤的发生及相对损伤程度,各测点间也可进行相互印证,从而提高损伤识别的可靠性。

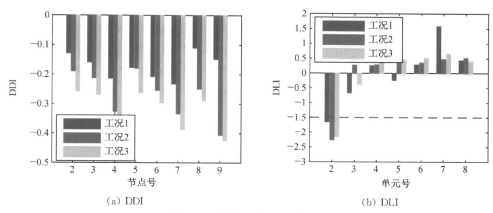

(a) DDI   (b) DLI

图 5.28 不同工况 DDI 和 DLI

(2)损伤定位

由于结构的某些测点处于振型节点处(如 2 阶振型中的 6 结点),导致同一工况相邻测点间的振动信号频谱成分不同。为消除振动信号频谱特性的影响,首先采用 AMD 提取信号的第一阶振动响应信号。下面以无损伤工况下第 7 结点处的振动信号为例(如图 5.29 所示),展示解析模式分解的过程及结果的可靠性。

选取截断频率 $f_b = 10$ Hz,利用公式(5.14)~(5.17)对响应信号进行两步式解析模式分解,获得第一阶振动响应(如图 5.25(b)所示),可以看出分离信号均匀平滑。图 5.29 所示

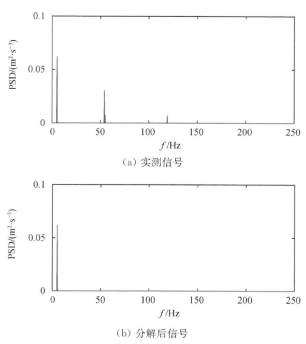

(a) 实测信号

(b) 分解后信号

图 5.29 解析模式分解前后信号的功率谱

为原始信号和分离信号的功率谱,从图中可以看出经两步式解析模式分解后,功率谱只有一个峰值,表明信号分离成功。

利用以上过程,对不同损伤工况下各测点的振动信号进行两步式解析模式分解,只保留第一阶振动响应信号,用于相干性分析及损伤定位。

利用公式(5.11)对解析模式分解后的一阶信号进行相干性分析,建立局部相对损伤函数,利用局部相对损伤函数均值构建损伤定位指标,如图 5.28(b)所示。从图中可以看出,三种损伤工况下,只在第 2 单元处出现了较大峰值,且超过了损伤判别阈值(−1.5)。由此可见,利用解析模式分解后的一阶信号进行相干性分析,构建损伤定位指标可以准确地识别结构的损伤位置。

5.6 本章小结

本章探讨了基于相干函数的结构线性/非线性损伤识别方法。在非线性系统识别中,传统的相干函数需利用输入信号,然而在实际测试中,输入信号(荷载)很难测得,这极大地限制了其在结构损伤识别中的应用。针对这一问题,本研究探索了仅利用结构振动响应信号的相干性分析方法,克服了传统相干函数的不足。

首先,对相同测点处,结构损伤前后的振动响应信号进行相干性分析,定义了相对损伤函数,并构建了一种损伤检测指标(DDI),利用该指标可以快速地检测结构非线性损伤的发生。继而,对同一工况相邻测点间的振动响应信号进行相干性分析,定义了局部相对损伤函数,并构建了一种损伤定位指标(DLI),利用该指标可以进一步诊断损伤的位置。

为验证所提出的相干性分析方法及损伤检测指标和损伤定位指标的有效性和实用性,分别开展了数值研究和物理模型实验研究。

以单桩式海上风电支撑结构为算例,基于 ANSYS 软件,对结构进行了有限元建模、损伤模拟和振动测试数值仿真;基于此,将数值仿真振动信号作为实测数据对结构开展损伤识别研究。研究结果表明:所构建的两种指标能很好地识别并定位不同程度的结构损伤;另外,借助于随机减量技术,利用环境荷载激励下的随机振动信号同样可实现结构的损伤检测和定位。

对一单桩式海上风电支撑结构进行了损伤识别实验研究。实验中,首先通过松动法兰螺栓来模拟不同程度的非线性损伤,利用冲击激励,获取结构在多个测点处的自由振动加速度响应信号;然后利用提出的相干性分析方法对该结构进行损伤识别研究。研究结果表明:所构建的损伤检测指标可灵敏地指示结构非线性损伤的发生及相对损伤程度;损伤定位指标可以准确地识别结构的损伤位置。

参考文献

[1] SHI K, ZHOU G T, VIBERG M. Compensation for nonlinearity in a hammerstein system using the coherence function with application to nonlinear acoustic echo cancellation[J]. IEEE Transactions on Signal Processing, 2007, 55(12): 5853-5858.

［2］FILHO J V，BAPTISTA F G，INMAN D J. A PZT-Based Technique for SHM Using the Coherence Function［C］// Proulx T. Advanced Aerospace Applications，Volume 1. Conference Proceedings of the Society for Experimental Mechanics Series. New York：Springer，2011

［3］WU Z，YANG N，YANG C. Identification of nonlinear structures by the conditioned reverse path method［J］. Journal of Aircraft，2015，52(2)：373-386.

［4］DUNN P F，MICHAEL P D. Measurement and Data Analysis for Engineering and Science (4th Edition)［M］. Boca Raton：CRC Press，2017.

［5］WORDEN K，TOMLINSON G R. Nonlinearity in Structural Dynamics：Detection，Identification and Modelling［M］. Bristol：Institute of Physics Publishing，2001.

［6］杨彬，李英超，安文正，等. 基于相干函数的海上风电支撑结构非线性损伤识别实验研究［J］. 可再生能源，2019，37(7)：6.

［7］安文正. 基于振动特性的海上风电支撑结构损伤识别方法研究［D］. 烟台：鲁东大学，2019.

［8］LI Y C，ZHANG M L，YANG W L. Numerical and experimental investigation of modal-energy-based damage localization for offshore wind turbine structures［J］. Advances in Structural Engineering，2018，21(10)，1510-1525.

［9］HU Z，WANG Z，REN W，et al. On the analytical mode decomposition theory and algorithm for discrete vibration signal processing［J］. Journal of Vibration Engineering，2016，29(2)，348-355.

［10］国家能源局. 海上风电场工程风电机组基础设计规范：NB/T 10105-2018［S］. 北京：中国水利水电出版社，2019.

［11］SUN W，LI Y C，JIANG R N，et al. Hilbert transform-based nonparametric identification of nonlinear ship roll motion under free-roll and irregular wave exciting conditions［J］. Ships and Offshore Structures，2022，17(9)：1947-1963.

［12］GODA Y. A comparative review on the functional forms of directional wave spectrum［J］. Coastal Engineering Journal，1999，41(1)：1-20.

［13］孙东昌，潘斌. 海洋自升式移动平台设计与研究［M］. 上海：上海交通大学出版社，2008.

［14］王树青，梁丙臣. 海洋工程波浪力学［M］. 青岛：中国海洋大学出版社，2013.

［15］姜大正. 环境激励下船舶结构模态分析实验与理论研究［D］. 大连：大连理工大学，2009.

6

基于信号段交叉相干函数的结构非线性
检测与损伤识别

6.1　引言

在相干函数的基础上,本章将介绍一种新的非线性指标函数——信号段交叉相干函数(Signal Segments Cross-Coherence,SSCC)[1]。该方法仅利用一列信号即可实现对结构的非线性检测,不需要以基准信号作为对比,检验结果可用于非线性损伤的识别;更重要的是它是一种基于输出的方法,不需要结构的激励信号。

其基本思路是首先将结构的自由振动响应信号进行分段,然后对各信号段之间进行相干性分析,建立交叉相干函数矩阵,再利用交叉相干函数矩阵建立归一化的非线性检测指标,最后基于信号段交叉相干函数,构建结构损伤检测指标,用于识别结构的非线性损伤。为了验证该方法的可靠性和鲁棒性,开展了数值模拟和物理模型实验研究。

6.2　信号段交叉相干函数(SSCC)

假定 $x(t)$ 为任一振动系统的自由振动响应信号,利用矩形窗函数(无重叠)可以将其划分成有限个信号段:

$$x(t) = \left[x_1(t_1), x_2(t_2), \cdots, x_N(t_N), x_R(t_R) \right] \tag{6.1}$$

其中 N 为信号段数, $N = \left[\dfrac{T}{T_w} \right]$; T 和 T_w 分别为信号 $x(t)$ 和窗函数的长度。 $x_R(t_R)$ 为剩余信号段,该段信号后续不再使用。因为每个信号段为短时信号,因此可以假定为平稳信号。

对于线性系统,其动力特性不随时间和振幅变化,任意两个信号段之间的相干函数值应接近于 1。而对于非线性系统,自由振动信号能够体现出动力特性随振幅变化的现象,如时变频率[2],此时不同信号段之间的相干性将不同,基于此构建交叉相干函数矩阵:

$$M = \begin{bmatrix} \max[C_{x_1 x_1}(\omega)] & \max[C_{x_1 x_2}(\omega)] & \cdots & \max[C_{x_1 x_N}(\omega)] \\ \max[C_{x_2 x_1}(\omega)] & \max[C_{x_2 x_2}(\omega)] & \cdots & \max[C_{x_2 x_N}(\omega)] \\ \vdots & \vdots & \ddots & \vdots \\ \max[C_{x_N x_1}(\omega)] & \max[C_{x_N x_2}(\omega)] & \cdots & \max[C_{x_N x_N}(\omega)] \end{bmatrix} \quad (6.2)$$

其中 $\max[\cdot]$ 为最大值运算符;$C_{x_i x_j}(\omega)$ 为两个信号的(平方)相干函数,其表达式为 $|\gamma_{x_i x_j}(\omega)|^2$,$\gamma_{x_i x_j}(\omega)$ 为式(5.7)所定义的相干函数。

如果系统存在非线性,矩阵中某些数值将小于 1,尤其是右上角和左下角的元素,因为该区域每个元素所分析的两个信号段相距较远,其振动幅值差别较大,因此会体现出明显的动力特性差异。为了方便观察,可以通过矩阵颜色分布图来显示非线性的出现及其强弱,如图 6.2 所示。

为了定量估计非线性程度,定义归一化的非线性指标 α:

$$\alpha = \sqrt{\frac{\sum\limits_{i=1}^{N} \sum\limits_{j=1}^{N} (\max[C_{x_i x_j}] - 1)^2}{N \times N}} = \frac{\|\hat{M}\|_F}{N} \quad (6.3)$$

$$\hat{M} = \begin{bmatrix} \max[C_{x_1 x_1}(\omega)] - 1 & \max[C_{x_1 x_2}(\omega)] - 1 & \cdots & \max[C_{x_1 x_N}(\omega)] - 1 \\ \max[C_{x_2 x_1}(\omega)] - 1 & \max[C_{x_2 x_2}(\omega)] - 1 & \cdots & \max[C_{x_2 x_N}(\omega)] - 1 \\ \vdots & \vdots & \ddots & \vdots \\ \max[C_{x_N x_1}(\omega)] - 1 & \max[C_{x_N x_2}(\omega)] - 1 & \cdots & \max[C_{x_N x_N}(\omega)] - 1 \end{bmatrix}$$

$$(6.4)$$

其中 $\|\hat{M}\|_F$ 为矩阵 $\hat{M}$ 的 Frobenius 范数。对于线性系统,α 应接近于 0;对于非线性系统,则有 $0 < \alpha < 1$。

由于该方法通过计算不同信号段之间的相干性来衡量系统的非线性,因此将其取名为**信号段交叉相干函数**(Signal Segments Cross-Coherence, SSCC)。式(6.2)中的矩阵和式(6.3)中的非线性指标分别被称为 SSCC 矩阵和 SSCC 指标。

由以上公式可以看出,该方法仅利用一列信号即可实现对结构的非线性检测,不需要基准信号作为对比;更重要的是该方法是一种基于输出的方法,不需要结构的激励信号。

6.3 基于 SSCC 方法的结构损伤识别

一些常见的结构损伤,如裂缝、螺栓松动等,通常会导致结构振动响应呈现出一定程度的非线性特性[3],因此可利用 SSCC 方法进行损伤检测。如若想进一步定位损伤位置,则需要多测点信息进行比较分析。对于梁式结构,根据变形一致性准则,其相邻测点间的 SSCC 指标应该具备一致性和连续性特性。但是局部损伤所引起的非线性将会破坏这一特性,损伤单元附近的结点间将出现 SSCC 的突变。以下将利用这一特性来构建损伤识别指标。

由于相干函数是一个谱函数,多测点间的比较要求各相干函数具有相同的频带,这就需要借助于信号分解或滤波来对各测点的实测信号进行预处理，从而使各信号有相同的带宽。

假定结构被划分成 n_e 个单元，第 j 单元的损伤定位指标 β_j 定义为：

$$\beta_j = |(\alpha_i^* - \alpha_{i+1}^*) - (\alpha_i - \alpha_{i+1})| \tag{6.5}$$

其中 $j = 1, 2, \cdots, n_e$，下标 i 和 $i+1$ 表示第 j 单元的两个节点，α_i^* 和 α_{i+1}^* 为损伤单元两端节点信号的 SSCC 指标，α_i 和 α_{i+1} 为初始结构（无损伤状态下）对应节点信号的 SSCC 指标。这里无损伤结构被用来作为基准，其目的是消除测量中不确定因素的影响，同时消除结构系统初始非线性对损伤识别的影响。

理论上来讲，对于线性结构系统（无损伤结构），任何单元的 β_j 值均趋向于 0。当第 j 单元有非线性损伤时，其 $\beta_j > 0$。事实上，局部损伤的产生不仅会影响到损伤单元本身，对周围单元也会产生影响，因此假定结构所有单元的损伤指标符合正态分布，于是定义一个鲁棒性更强的归一化指标[4,5]：

$$\beta_j^* = \frac{\beta_j - \bar{\beta}}{\sigma_\beta} \tag{6.6}$$

其中 $\bar{\beta}$ 和 σ_β 分别为各单元损伤指标的均值和标准差。对于任意计算所得的 β_j^*，第 j 单元没有发生损伤的概率可以通过单边统计假设检验进行估计：

$$p = 1 - \int_{-\infty}^{\beta_j^*} P(\beta^*) d\beta^* \tag{6.7}$$

其中 $P(\beta^*)$ 为 β^* 的概率密度函数，假定服从标准正态分布。因此，预先给定一置信度水平，通过求解式（6.7），可以得到指标阈值 β_c^*，该阈值具有一定的概率意义。如果 $\beta_j^* \geqslant \beta_c^*$，则表示第 j 单元有损伤，否则表示该单元完好。

在实际应用中，可通过试验选定一较高的置信度水平，如 $>90\%$。在以下研究中，阈值取为 $\beta_c^* = 1.5$，对应的置信度水平为 93.32%。

6.4 非线性检测与损伤识别数值算例

为了展示利用 SSCC 方法进行系统非线性检测的具体过程，并验证基于 SSCC 方法的损伤定位指标的有效性，分别对一个单自由度 Duffing 系统和一个 10 自由度的弹簧-阻尼-质量系统开展数值研究。

6.4.1 非线性检测

本部分将利用一个单自由度 Duffing 系统来展示 SSCC 非线性检测方法的具体计算过程，该系统的自由振动方程为[6]：

$$\ddot{y}(t) + 0.4\dot{y}(t) + 25y(t) + k_3 y(t)^3 = 0 \tag{6.8}$$

其中 k_3 为非线性刚度系数。

数值研究中共设置了三个工况，其中工况 1 为线性系统，非线性刚度系数 $k_3 = 0$；工况 2

和工况 3 系统为弱非线性,非线性刚度系数分别取为 $k_3 = 2$,$k_3 = 4$。 系数的具体取值无具体物理意义,只是为了展示 SSCC 方法的有效性。

将初始条件假定为 $\dot{y}(0) = 0$,$y(0) = 4$,利用龙格-库塔方法求解方程(6.8),可以得到系统的自由振动信号,如图 6.1 所示,其中采样频率设为 500 Hz。

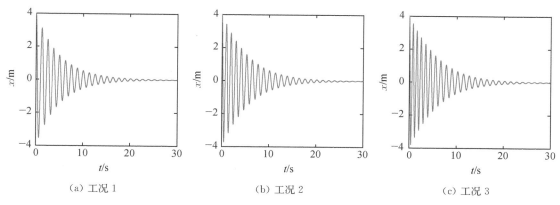

(a) 工况 1   (b) 工况 2   (c) 工况 3

图 6.1　Duffing 系统自由振动信号

取矩形窗长为 1 024(2.048 s),将信号划分成 14 段。各信号段之间进行相干性分析,各工况下振动信号的 SSCC 矩阵如图 6.2(a)所示。对于线性系统,矩阵各元素均接近于 1,所以矩阵图颜色比较一致。当 $k_3 = 2$(或 4)时,可以看到矩阵图左下侧和右上侧均出现深色,即明显地显示出非线性。其 SSCC 指标值分别为 0.002 2,0.133 0,0.202 6,可以指示出非线性的强弱。

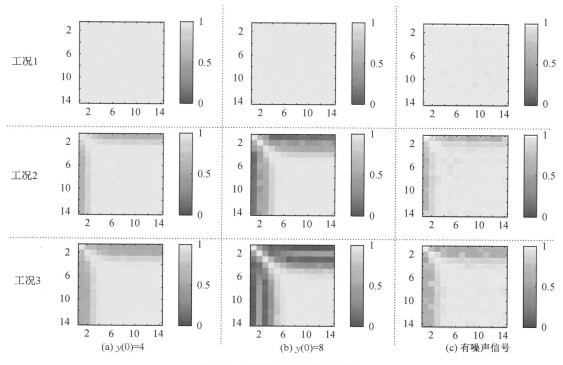

(a) $y(0) = 4$ (b) $y(0) = 8$ (c) 有噪声信号

图 6.2　不同工况的 SSCC 矩阵

以上结果说明 SSCC 方法可以提供一种直观的、定量的非线性识别手段。然而有两点不容忽视,一是非线性强弱依赖于振幅;二是振动信号中不可避免地存在测量噪声。针对这两点,对 SSCC 进行进一步探索研究。

(1) 具有不同初始振幅的振动信号分析

将运动方程初始条件改为 $\dot{y}(0)=0$, $y(0)=8$,如图 6.2(b)所示,SSCC 矩阵图颜色比图 6.2(a)图明显加深,三个工况下 SSCC 指标变为 0.002 2,0.373 8 和 0.497 8。

为了进一步探明 SSCC 随初始条件的变化规律,图 6.3 给出了不同初始振幅下 SSCC 指标的变化曲线。从图中可以看出,无论初始条件为何值,非线性工况 SSCC 指标均明显高于线性工况;更重要的是,初始振幅的增大对线性工况无影响,但对两个非线性工况有明显的影响,但该影响并不是无限制的,当 SSCC 指标值趋向于 0.5 时趋于稳定。这也说明,SSCC 指标值仅当初始条件较小时会受到影响。

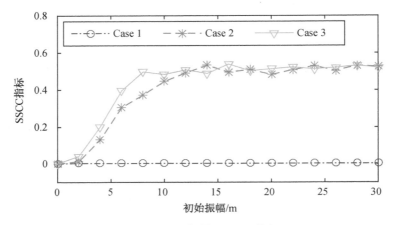

图 6.3 不同振幅下 SSCC 指标

(2) 含噪声信号分析

含噪声信号是通过在真实信号中添加高斯白噪声的方式来模拟的[7]:

$$\hat{x}(t)=x(t)(1+\delta\varepsilon(t)) \tag{6.9}$$

其中 $\varepsilon(t)$ 为具有零均值和单位标准差的高斯随机时间序列;δ 代表噪声水平。以噪声水平 $\delta=30\%$ 为例,初始条件设为 $\dot{y}(0)=0$, $y(0)=4$,通过求解运动方程可以得到三种工况下的含噪声振动信号,如图 6.4 所示。

SSCC 矩阵如图 6.2(c)所示,从图中可以看出,图片开始变得色彩明亮,且呈随机分布,但最深的颜色仍然位于矩阵的右上和左下部分,因此工况 2 和工况 3 的非线性仍然可以被矩阵图检测出。SSCC 指标值分别为 0.019 1,0.134 0 和 0.166 0,该数值与无噪声情况下的指标值相似,即两个非线性工况的 SSCC 指标数值仍然明显高于线性工况。

当噪声水平从 0 到 50% 逐渐变化,每种噪声水平下进行 1 000 次蒙特卡罗模拟,SSCC 的均值统计结果如图 6.5 所示。从图中可以看出,噪声水平对 SSCC 指标值影响很小,可以说明 SSCC 方法具有很强的噪声鲁棒性。

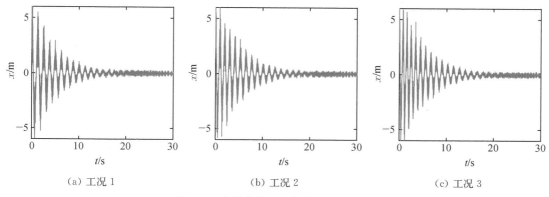

（a）工况 1　　　　　　　　（b）工况 2　　　　　　　　（c）工况 3

图 6.4　含噪声情况下的自由振动信号

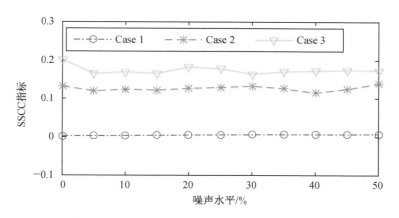

图 6.5　不同噪声水平下的 SSCC 指标

6.4.2　非线性损伤识别

为了验证基于 SSCC 的损伤识别方法，采用一个 10 自由度弹簧-阻尼-质量系统进行数值研究，如图 6.6 所示，系统的物理参数取为 $m=1\ \text{kg}$，$c=10\ \text{N}\cdot\text{s/m}$，$k=2\ 500\ \text{N/m}$。

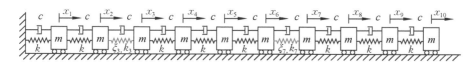

图 6.6　弹簧-阻尼-质量系统

为了模拟非线性损伤，将第 3 个和第 7 个弹簧的刚度系数假定为 $(1-\xi_3)k\Delta_3+k_3\Delta_3^3$ 和 $(1-\xi_7)k\Delta_7+k_7\Delta_7^3$，其中 Δ_3 和 Δ_7 代表弹簧的伸长量；ξ_3 和 ξ_7 为线性刚度折减率；k_3 和 k_7 为由损伤引起的非线性刚度系数。当 $\xi_3=0$，$\xi_7=0$，$k_3=0$，$k_7=0$ 时，系统为线性、无损伤。

该系统的自由振动方程可以写为：

$$\begin{cases}
m\ddot{x}_1 + 2kx_1 - kx_2 + 2c\dot{x}_1 - c\dot{x}_2 = 0 \\
m\ddot{x}_2 - kx_1 + (2-\xi_3)kx_2 - (1-\xi_3)kx_3 - c\dot{x}_1 + 2c\dot{x}_2 - c\dot{x}_3 + k_3(x_2-x_3)^3 = 0 \\
m\ddot{x}_3 - (1-\xi_3)kx_2 + (2-\xi_3)kx_3 - kx_4 - c\dot{x}_2 + 2c\dot{x}_3 - c\dot{x}_4 + k_3(x_3-x_2)^3 = 0 \\
m\ddot{x}_4 - kx_3 + 2kx_4 - kx_5 - c\dot{x}_3 + 2c\dot{x}_4 - c\dot{x}_5 = 0 \\
m\ddot{x}_5 - kx_4 + 2kx_5 - kx_6 - c\dot{x}_4 + 2c\dot{x}_5 - c\dot{x}_6 = 0 \\
m\ddot{x}_6 - kx_5 + (2-\xi_7)kx_6 - (1-\xi_7)x_7 - c\dot{x}_5 + 2c\dot{x}_6 - c\dot{x}_7 + k_7(x_6-x_7)^3 = 0 \\
m\ddot{x}_7 - (1-\xi_7)kx_6 + (2-\xi_7)kx_7 - kx_8 - c\dot{x}_6 + 2c\dot{x}_7 - c\dot{x}_8 + k_7(x_7-x_6)^3 = 0 \\
m\ddot{x}_8 - kx_7 + 2kx_8 - kx_9 - c\dot{x}_7 + 2c\dot{x}_8 - c\dot{x}_9 = 0 \\
m\ddot{x}_9 - kx_8 + 2kx_9 - kx_{10} - c\dot{x}_8 + 2c\dot{x}_9 - c\dot{x}_{10} = 0 \\
m\ddot{x}_{10} - kx_9 + kx_{10} - c\dot{x}_9 + c\dot{x}_{10} = 0
\end{cases}$$

$$(6.10)$$

预设两种损伤状况,损伤位置分别为弹簧 3 和弹簧 7 处,根据损伤程度的不同分别设置三个工况,如表 6.1 所示。其中工况 1 为弱非线性损伤,无线刚度损伤;工况 2 和 3 同时有非线性和线刚度损伤。

表 6.1　损伤工况设置

损伤状况		无损伤	损伤程度		
No.	位置		工况 1	工况 2	工况 3
损伤状况 I	3	$\xi_3 = 0$ $k_3 = 0$	$\xi_3 = 0 \quad k_3 = 25$ $\xi_7 = 0 \quad k_7 = 0$	$\xi_3 = 0.01 \quad k_3 = 125$ $\xi_7 = 0 \quad k_7 = 0$	$\xi_3 = 0.5 \quad k_3 = 250$ $\xi_7 = 0 \quad k_7 = 0$
损伤状况 II	7	$\xi_7 = 0$ $k_7 = 0$	$\xi_3 = 0 \quad k_3 = 0$ $\xi_7 = 0 \quad k_7 = 25$	$\xi_3 = 0 \quad k_3 = 0$ $\xi_7 = 0.01 \quad k_7 = 125$	$\xi_3 = 0 \quad k_3 = 0$ $\xi_7 = 0.5 \quad k_7 = 250$

假定每个质量块上均设有测点,非线性系统的振动响应可以利用龙格-库塔方法求解振动方程获得,初始条件假定为:$x_1 = \dot{x}_1 = 0$,$x_2 = \dot{x}_2 = 0$,$x_3 = \dot{x}_3 = 0$,$x_4 = \dot{x}_4 = 0$,$x_5 = \dot{x}_5 = 0$,$x_6 = \dot{x}_6 = 0$,$x_7 = \dot{x}_7 = 0$,$x_8 = \dot{x}_8 = 0$,$x_9 = \dot{x}_9 = 0$,$x_{10} = 0$ 和 $\dot{x}_{10} = 500$,采样频率为 500 Hz。

系统的自由振动响应如图 6.7(a)所示(以第 10 个质量块为例)。计算自由振动响应的傅里叶谱,如图 6.8(a)所示,从图中可以看出,振动信号中共包含三阶模态,但有些测点处的频率成分略有不同,如第 7 个质量块处的第 2 阶模态,原因在于这些测点恰巧位于某一阶振型的节点处。利用 AMD 方法对各测点处的信号进行处理,使得各信号带宽一致,截断频率取为 2.5 Hz,处理后信号的傅里叶谱如图 6.8(b)所示。从图中可以看出,分解后信号(图 6.7(b))与单自由度系统的自由振动信号很相似。

利用窗函数(窗长 1 024,2.048 s)将 AMD 处理后的信号分解成 14 个信号段,然后进行相干性分析,SSCC 矩阵如图 6.9 所示。从图中可以看出,随着损伤程度的提高,矩阵图颜色开始变深,尤其是左下侧和右上侧的元素。

计算各信号的 SSCC 指标值,然后构建损伤识别指标。如图 6.10 所示,单元 3 和单元 7 处的弱非线性损伤均能够准确定位。

为了研究基于 SSCC 方法的损伤识别方法的鲁棒性,假定自由振动响应信号均含有测量噪声,噪声水平取为 10%~50%。在进行信号相干性分析之前,先用 AMD 对各信号进行预处理,截断频率取为 2.5 Hz。如图 6.11 所示,处理后信号比原始信号要光滑,说明 AMD 还有一定的降噪作用。

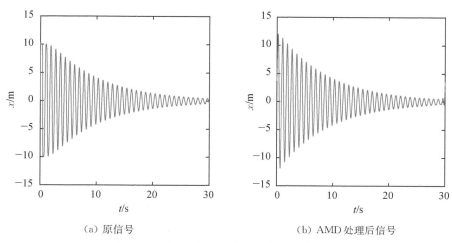

（a）原信号　　　　　　　　　　　　（b）AMD 处理后信号

图 6.7　第 10 个质量块处的自由振动信号

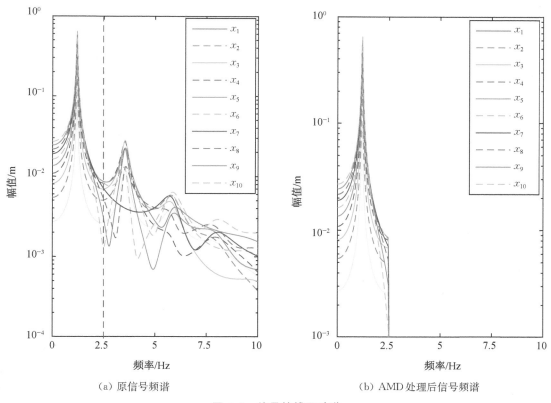

（a）原信号频谱　　　　　　　　　　（b）AMD 处理后信号频谱

图 6.8　信号的傅里叶谱

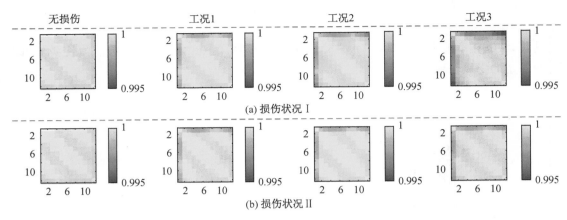

(a) 损伤状况 I

(b) 损伤状况 II

图 6.9 不同工况下的 SSCC 矩阵

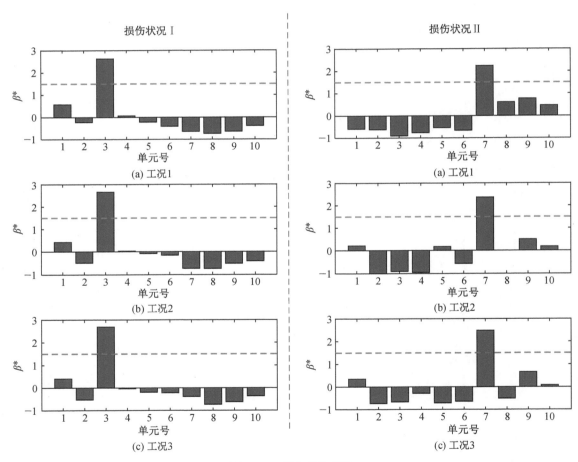

图 6.10 损伤定位指标

利用 SSCC 方法对信号进行分析,损伤识别结果如图 6.12 所示。从图中可以看出,所有的损伤均能够准确地识别出,即便是含有极小损伤的工况 1,在高达 50% 的噪声下仍然能准确地定位到损伤,这说明基于 SSCC 的损伤识别方法具有很强的噪声鲁棒性。

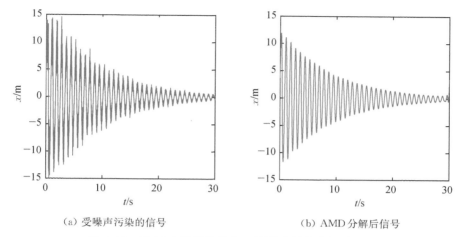

(a) 受噪声污染的信号　　　　　　　　(b) AMD 分解后信号

图 6.11　第 10 个质量块处含 20%噪声的自由振动信号

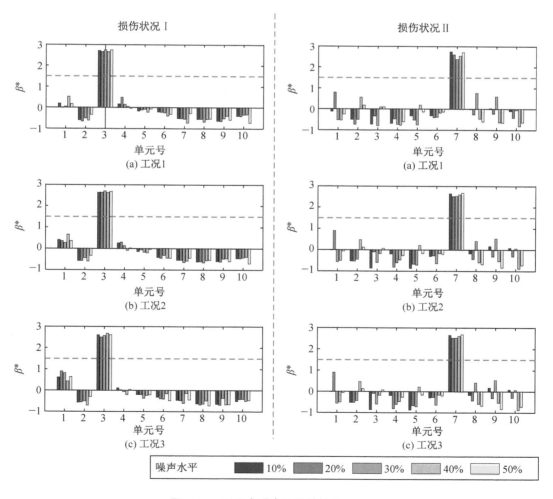

图 6.12　利用含噪声信号的损伤识别结果

6.5 结构损伤识别实验算例

为了进一步验证基于 SSCC 的损伤识别方法的有效性,采用 5.4 节中所示实验算例进行研究。模型物理参数、损伤模拟方式及其振动测试不再赘述,直接对振动测试中采集到的信号进行相干性分析。

如图 6.13 所示为从振动测试中所采集到的自由振动响应信号(以结点 8 为例),从图中可以看出不同工况下信号衰减时间明显不同,尤其是工况 2 和工况 3。信号的傅里叶谱如图 6.14 所示,从图中可以看出振动测试能够激起前三阶模态。但是对于结点 4 和结点 6 处的信号只含有两阶模态。

利用 AMD 方法对各信号进行预处理,截断频率取为 20 Hz,只保留第 1 阶模态,使得处理后信号有同样的带宽,如图 6.14(b) 所示。与数值算例类似,利用 AMD 方法处理后的信号比原始信号要光滑。

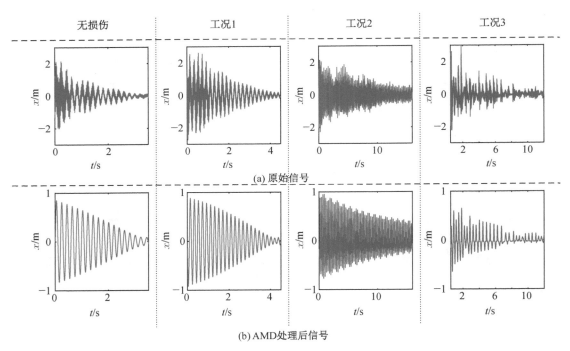

图 6.13　不同工况下结点 8 处的振动信号

利用 SSCC 方法对各信号进行分析,根据信号长度选用不同的时间窗长,工况 1 窗长为 64(0.128 s),工况 2 和工况 3 窗长选为 256(0.512 s)。为了方便对比,取每个信号中间的 16 个信号段进行分析,从而使得各 SSCC 矩阵具有相同的维数。

计算结果显示,SSCC 矩阵会随着测点位置的不同而不同,但颜色分布模式基本相似。作为演示,图 6.15 列出了结点 8 处的 SSCC 矩阵。矩阵颜色不能明显区分损伤工况 1 和无损伤工况,但是当两个螺栓松动后,非线性明显加强,SSCC 矩阵右上和左下部分的数值明显低于 0.8。对于损伤工况 3,整个矩阵的颜色均变深,尤其是右上和左下部分,数值甚至低于

0.6,显示结构振动响应出现很强的非线性。

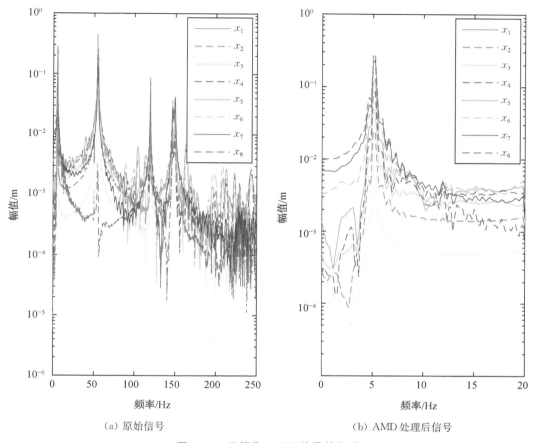

（a）原始信号　　　　　　　　　　　（b）AMD 处理后信号

图 6.14　无损伤工况下信号的频谱

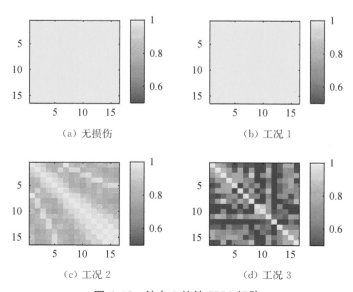

（a）无损伤　　　　　　　　　　　（b）工况 1

（c）工况 2　　　　　　　　　　　（d）工况 3

图 6.15　结点 8 处的 SSCC 矩阵

计算所有信号的 SSCC 指标并构建损伤定位指标,如图 6.16 所示,三种损伤工况下,单元 2 的损伤均可以准确地定位。尤其对于损伤工况 1,只有一个螺栓松动,非线性极其弱,采用 SSCC 矩阵图很难直观辨出,但利用 SSCC 指标构建的损伤定位指标仍然能够将其准确定位。

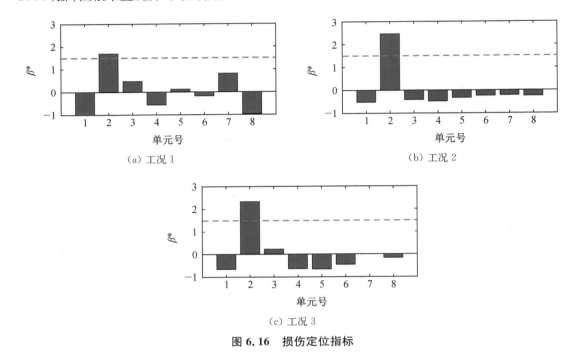

(a) 工况 1 　　　　　(b) 工况 2

(c) 工况 3

图 6.16　损伤定位指标

6.6　本章小结

本章介绍了一种新的非线性指标函数——信号段交叉相干函数(SSCC)。该方法利用 SSCC 矩阵和 SSCC 指标可直观、定量地识别出信号中非线性的存在。通过多测点 SSCC 指标的对比,构建了一种新的非线性损伤定位指标。由于仅用到了输出信号,与传统的相干函数法相比,该方法更具有工程实用性。

首先以一个单自由度 Duffing 系统为例阐述了 SSCC 方法的具体分析过程。结果显示: SSCC 矩阵的颜色和 SSCC 指标值可以用来指示非线性的存在及其相对强弱。另外,分别探讨了振动幅值和测量噪声对非线性的影响。结果显示:振幅对 SSCC 指标有影响,但该影响不会随着振幅的增大而无限增大;另外,测量噪声对 SSCC 矩阵的影响极其微弱。随着噪声水平的提高,SSCC 指标值基本稳定,这说明 SSCC 方法具有较强的噪声鲁棒性。

为了验证基于 SSCC 的损伤识别方法的有效性,采用一个 10 自由度弹簧-阻尼-质量系统进行数值研究。结果显示:基于 SSCC 的损伤定位指标可以利用强噪声信号准确地定位到损伤位置。

为了进一步验证方法的实用性,采用一单立柱式海上风机结构模型进行了损伤识别实验研究。结果证明:所提出的 SSCC 方法和损伤定位指标可以仅利用自由振动响应信号识别到螺栓松动损伤。

参考文献

［1］LI Y，SUN W，JIANG R N，et al. Signal-segments cross-coherence method for nonlinear structural damage detection using free-vibration signals[J]. Advances in Structural Engineering，2020，23(6)：1041-1054.

［2］FELDMAN M. Nonlinear system vibration analysis using Hilbert transform-I. Free vibration analysis method 'FREEVIB' [J]. Mechanical Systems & Signal Processing，1994，8(3)：309-318.

［3］FARRAR C，WORDEN K，TODD M，et al. Nonlinear System Identification for Damage Detection[R]. Los Alamos National Laboratory Report LA- 14353-MS，2007.

［4］WANG S Q，LIU F S，ZHANG M. Modal strain energy based structural damage localization for offshore platform using simulated and measured data[J]. Journal of Ocean University of China，2014，13(3)：397-406.

［5］LI Y C，ZHANG M，YANG W L. Numerical and experimental investigation of modal-energy-based damage localization for offshore wind turbine structures[J]. Advances in Structural Engineering，2018，21(10)：1510-1525.

［6］WORDEN K，TOMLINSON G R. Nonlinearity in Structural Dynamics：Detection，Identification and Modelling[M]. Bristol，Institute of Physics Publishing，2001.

［7］LIU F S，LI H J，LI W，et al. Experimental study of improved modal strain energy method for damage localization in jacket-type offshore wind turbines[J]. Renewable Energy，2014，72：174-181.

7

基于短时时域相干函数的结构线性/非线性损伤识别

7.1 引言

如前两章所述,相干函数在非线性检测、非线性估计和非线性补偿领域得到了广泛应用[1-3]。作为一种频谱,它可以通过分析输入和输出之间的线性相关性来快速指示特定频带或共振区域内非线性的存在。然而在实际振动测试中,输入信号(激励荷载)较难测得,从而限制了相干函数的应用。除此之外,在相干函数的推导过程中,通常假定信号是平稳的,这就使得其分析结果难以反映信号中的时变特性[4]。

时域相干函数(Temporal Coherence,TC),在时间序列分析中也被称为归一化的互相关函数,通过对两列信号的形状相似性进行幅度无关估计,提供了估计信号相关性或检测信号变化的另一有效手段。与频域相干函数相比,互相关函数是时域的,且其分析过程只需要输出信号。

基于这一方法,学者们开展了一些研究,如 Yang 等人[5]和 Wang 等人[6]利用实测信号互相关函数的幅值向量发展了两种损伤识别方法来检测和定位损伤;Huo 等人[7]通过将互相关函数与支持向量机相结合,提出了一种有效的损伤检测方法;Li 和 Law[8]提出了一种基于协方差矩阵的损伤检测方法,该协方差矩阵由加速度响应的自相关/互相关函数形成;Ni 等人[9]提出了一种基于自/互相关函数的损伤检测方法,该方法可以使用随机白噪声或冲击激励下的加速度响应信号。然而这些研究仍然是基于对信号的线性、平稳的假定。

为了将其推广到非线性、非平稳的情况,研究者通过施加滑移时窗发展了一种短时(局部)时域相干函数(STC)法[10]。该方法可以估计两个信号之间随时间变化的形状差异,继而可以用于结构损伤检测。如 Michaels[11-12]使用扩散超声信号的 STC 来检测复杂环境条件下板中的损伤;Martin 等人[13]应用 STC 来识别多层板的分层;Zhu 和 Rizzo[14]在结构损伤识别中也采用了超声波信号的 STC;Yu 和 Lin[15]发展了一种基于云计算的时间序列分析方法用于线性和非线性条件下的结构损伤检测,其中使用了相似函数、自相关函数和偏自相关函数来选择模型。与前述研究不同,这些研究不再使用基于线性假设的概念,结果表明,STC 对非线性和(或)非平稳信号的分析效果良好,可用于从测量数据中提取损伤敏感特征。

本章将介绍一种新的基于短时时域相干性函数(STC)的结构损伤识别方法[16]。该方法通过对自由振动信号开展短时时域相干性分析,定义了一种关于时间 t 的峰值相干函数(PCF),与传统的峰值相干函数(PC)相比,PCF 更能反映结构的时变特性。基于 PCF,构建了两种新的结构损伤识别指标,可以实现对结构线性和非线性损伤的检测和定位。作为一种基于输出的方法,该方法更有希望应用于实际工程。

7.2 短时时域相干函数(STC)

对于两列信号 $y_1(t)$ 和 $y_2(t)$,其互相关函数为[10]:

$$R_{y_1 y_2}(\tau) = E[y_1(t) y_2(t+\tau)] \tag{7.1}$$

其中 $E[\cdot]$ 为期望;τ 为两列信号的时间间隔。对于有限时长信号,其互相关函数可以估计为:

$$R_{y_1 y_2}(\tau) = \lim_{T \to \infty} \frac{1}{T} \int_0^T y_1(t) y_2(t+\tau) \mathrm{d}t \tag{7.2}$$

其中 T 为信号的时长。对于以 0 时刻为中心,时长为 T 的信号,互相关函数可写为:

$$R_{y_1 y_2}(\tau) = \frac{1}{T} \int_{-T/2}^{T/2} y_1(s) y_2(s+\tau) \mathrm{d}s \tag{7.3}$$

一般情况下,互相关函数通常会用自相关函数进行归一化,从而使其数值在 -1 和 1 之间。

$$\gamma_{y_1 y_2}(\tau) = \frac{R_{y_1 y_2}(\tau)}{\sqrt{R_{y_1 y_1}(0) R_{y_2 y_2}(0)}} \tag{7.4}$$

在信号处理中,归一化的互相关函数又被称为时域相干函数,一般用来衡量两列信号的相似性,该值不依赖于信号振幅大小。两信号间的相似性一般用峰值相干函数(Peak Coherence, PC)来衡量:

$$P_{y_1 y_2} = \max_\tau (\gamma_{y_1 y_2}(\tau)) \tag{7.5}$$

对于时变时间序列,通过引入窗函数定义一短时时域相干函数(Short-time Temporal Coherence, STC)[11]:

$$R_{y_1 y_2}(\tau, t) = \frac{1}{T} \int_{t-\frac{T}{2}}^{t+\frac{T}{2}} y_1(s) w(s-t) y_2(s+\tau) w(s+\tau-t) \mathrm{d}s \tag{7.6}$$

其中 $w(\cdot)$ 为矩形窗函数;T 为窗长。同样,经过归一化可以获得 t 时刻两列信号的短时时域相干性:

$$\gamma_{y_1 y_2}(\tau, t) = \frac{R_{y_1 y_2}(\tau, t)}{\sqrt{R_{y_1 y_1}(0, t) R_{y_2 y_2}(0, t)}} \tag{7.7}$$

当 $y_1(t)$ 和 $y_2(t)$ 在时窗中心时刻形状相同时,其峰值相干函数 $\gamma_{y_1 y_2}(\tau, t)$ 为 1 或 -1。因

此定义一个关于时间 t 的峰值相干函数（Peak Coherence Function，PCF）：

$$P_{y_1 y_2}(t) = \max_{\tau}(\mid \gamma_{y_1 y_2}(\tau, t) \mid) \tag{7.8}$$

如果两列信号形状形同，则 PCF 曲线将是一条数值为 1 的直线，否则 PCF 值将位于 0 和 1 之间。

7.3　基于 STC 的损伤识别方法

基于 PCF，本节将介绍两个损伤识别指标：损伤检测指标（DDI）和损伤定位指标（DLI）。其中，DDI 用于预警损伤的发生，DLI 用于损伤的准确定位。

7.3.1　损伤检测指标

损伤会导致结构自由振动响应信号发生变化，而这一变化可以通过对损伤前后振动响应信号间的 STC 来进行检测。

假定 $y_i(t)$ 和 $\hat{y}_i(t)$ 为在结构无损伤情况下同一测点得到的两列信号，$y_d(t)$ 为相应测点处结构损伤情况下测试得到的振动信号。计算 $y_i(t)$ 和 $\hat{y}_i(t)$，以及 $y_i(t)$ 和 $y_d(t)$ 之间的 PCF。其中，下标 i 和 d 分别用于标识与初始（无损伤）结构和损伤结构相关的变量，其峰值相干函数分别记为 $P_{\hat{y}_i y_i}(t)$ 和 $P_{y_d y_i}(t)$。

从理论上来讲，$P_{\hat{y}_i y_i}(t)$ 在任何时刻都应为 1，但是受环境变化、噪声等不确定性因素的影响，该条件很难满足。为了消除这些不确定性因素的影响，定义相对损伤函数（Relative Damage Function，RDF）：

$$RDF_{y_d y_i}(t) = P_{y_d y_i}(t) - P_{\hat{y}_i y_i}(t) \tag{7.9}$$

如果有损伤发生，则 $RDF_{y_d y_i}(t) < 0$。RDF 为时间 t 的函数，不是常数，为了进行简化和定量损伤，定义一损伤检测指标（Damage Detection Index，DDI）：

$$DDI = \overline{RDF_{y_d y_i}(t)} \tag{7.10}$$

DDI 可以利用任意测点处的信息给出损伤的快速预警，如果 $DDI_n < 0$ 则表示该测点附近有损伤发生，后续可以进一步开展准确辨识和定位。

7.3.2　损伤定位指标

损伤的发生一般会引起结构局部刚度的折减或非线性，且损伤单元附近测点信号的相干函数会发生变化。这些特征可以用来进行损伤定位。

假定 $y_n(t)$ 和 $y_{n+1}(t)$ 为第 j 单元两个结点处的实测信号（结点号为 n 和 $n+1$），它们的峰值相干函数 $P_{y_n y_{n+1}}(t)$ 可以通过 STC 分析获得。则第 j 单元的损伤定位指标（Damage Localization Index，DLI）定义为：

$$\beta_j = \mid \overline{P_{y_n y_{n+1}}^{d}(t)} - \overline{P_{y_n y_{n+1}}^{i}(t)} \mid \tag{7.11}$$

其中上标 i 和 d 分别代表与初始结构和损伤结构相关的变量；$P_{y_n y_{n+1}}^{i}(t)$ 和 $P_{y_n y_{n+1}}^{d}(t)$ 为相应工况下的峰值相干函数 PCF。如果 DLI 在第 j 个单元处取得峰值，则表示该单元有损伤。

假定所有单元的 DLI 值符合正态分布,则定义一鲁棒性较强的归一化损伤定位指标[17]:

$$DLI_j = \beta_j^* = \frac{\beta_j - \bar{\beta}}{\sigma_\beta} \tag{7.12}$$

其中 $\bar{\beta}$ 和 σ_β 分别为所有单元损伤指标的均值和标准差。

根据以上 DLI,可以利用单边统计假设检验来确定损伤位置[6,18]。对于任意 β_j^*,其指示第 j 个单元无损伤的概率为:

$$p = 1 - \int_{-\infty}^{\beta_j^*} P(\beta^*)\mathrm{d}\beta^* \tag{7.13}$$

其中 $P(\beta^*)$ 为指标 β^* 的概率密度函数,它符合标准正态分布。因此选定一显著性水平 α(或置信度水平 $1-\alpha$),可以通过求解下列方程得到损伤阈值 $DLI_c = \beta_c^*$:

$$\alpha = 1 - \int_{-\infty}^{\beta_c^*} P(\beta^*)\mathrm{d}\beta^* \tag{7.14}$$

如果 $DLI_j \geqslant DLI_c$ 则表示第 j 单元有损伤,否则表示该单元完好。在实际应用中,通常选用一较高的置信度水平(>90%),在以下算例中取置信度水平为 93.32%(显著性水平为 $\alpha = 6.68\%$),此时阈值 DLI_c 为 1.5。

以上方法的基本原理是损伤会改变信号的基本特性,从而通过 STC 分析可以识别出该变化。但在实际测试中,不同测点处信号的带宽可能不同,同样会影响 STC 的分析结果。为了克服这一缺陷,首先将各信号进行处理,使得其带宽一致。本研究同样采用前述 AMD 方法对信号进行处理。

7.4　损伤识别数值算例

7.4.1　数值模型

为了研究基于 STC 的损伤识别方法的有效性和鲁棒性,采用一个 8 自由度弹簧-阻尼-质量系统进行数值研究,如图 7.1 所示。

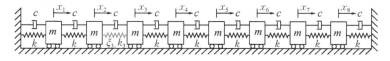

图 7.1　弹簧-阻尼-质量系统

系统的物理参数分别为:$m = 1 \text{ kg}$,$c = 10 \text{ N} \cdot \text{s/m}$,$k = 2500 \text{ N/m}$。为了模拟线性和非线性损伤,将第 3 个弹簧的回复力假定为 $(1-\xi_3)k\Delta_3 + k_3\Delta_3^3$,其中 Δ_3 代表弹簧的绝对伸长量。ξ_3 和 k_3 分别为损伤引起的刚度折减系数和非线性刚度系数。当 $\xi_3 = 0$,$k_3 = 0$ 时,表示系统为线性无损伤状态。

该系统的自由振动方程为：

$$\begin{cases} m\ddot{x}_1 + 2c\dot{x}_1 - c\dot{x}_2 + 2kx_1 - kx_2 = 0 \\ m\ddot{x}_2 - c\dot{x}_1 + 2c\dot{x}_2 - c\dot{x}_3 - kx_1 + (2-\xi)kx_2 - (1-\xi)kx_3 + k_3(x_2 - x_3)^3 = 0 \\ m\ddot{x}_3 - c\dot{x}_2 + 2c\dot{x}_3 - c\dot{x}_4 - (1-\xi)kx_2 + (2-\xi)kx_3 - kx_4 + k_3(x_3 - x_2)^3 = 0 \\ m\ddot{x}_4 - c\dot{x}_3 + 2c\dot{x}_4 - c\dot{x}_5 - kx_3 + 2kx_4 - kx_5 = 0 \\ m\ddot{x}_5 - c\dot{x}_4 + 2c\dot{x}_5 - c\dot{x}_6 - kx_4 + 2kx_5 - kx_6 = 0 \\ m\ddot{x}_6 - c\dot{x}_5 + 2c\dot{x}_6 - c\dot{x}_7 - kx_5 + 2kx_6 - kx_7 = 0 \\ m\ddot{x}_7 - c\dot{x}_6 + 2c\dot{x}_7 - c\dot{x}_8 - kx_6 + 2kx_7 - kx_8 = 0 \\ m\ddot{x}_8 - c\dot{x}_7 + 2c\dot{x}_8 - kx_7 + 2kx_8 = 0 \end{cases}$$

$$(7.15)$$

假定每个质量块上安装一个传感器，在第 4 个质量块上施加初始速度，利用四阶龙格-库塔方法可以求解方程获得系统的自由振动信号。在实际工程测试中，激励的幅值（如冰激、船的撞击、锤击等）具有不确定性，从而影响响应信号的特性，尤其是非线性特性。因此在模拟中，考虑激励具有 10% 的不确定性，即方程的初始条件假定为：

$$\begin{Bmatrix} x_1 \\ x_2 \\ x_3 \\ x_4 \\ x_5 \\ x_6 \\ x_7 \\ x_8 \end{Bmatrix} = \begin{Bmatrix} 0 \\ 0 \\ 0 \\ 0 \\ 0 \\ 0 \\ 0 \\ 0 \end{Bmatrix}, \begin{Bmatrix} \dot{x}_1 \\ \dot{x}_2 \\ \dot{x}_3 \\ \dot{x}_4 \\ \dot{x}_5 \\ \dot{x}_6 \\ \dot{x}_7 \\ \dot{x}_8 \end{Bmatrix} = \begin{Bmatrix} 0 \\ 0 \\ 0 \\ 1\,000 \times (1 + 0.1\varepsilon) \\ 0 \\ 0 \\ 0 \\ 0 \end{Bmatrix} \qquad (7.16)$$

其中 ε 为高斯随机数。

图 7.2(a) 和 (b) 为无损伤状态下，结构的自由振动信号，分别记为无损伤工况 1 和无损伤工况 2。由于考虑了激励的不确定性，其初始振幅略有不同。

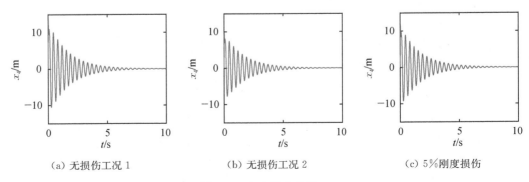

(a) 无损伤工况 1　　　　(b) 无损伤工况 2　　　　(c) 5% 刚度损伤

图 7.2　自由振动信号 x_4

首先探讨损伤识别指标对线性和非线性损伤的敏感性,然后研究其噪声鲁棒性。为了展示 STC 方法较传统 TC 方法的优越性,利用峰值相干性公式(7.9)—(7.12)定义两个对比指标:

$$DDI^* = P_{y_d y_i} - P_{\hat{y}_i y_i} \tag{7.17}$$

$$\beta_j^* = \mid P_{y_n y_{n+1}}^d - P_{y_n y_{n+1}}^i \mid \tag{7.18}$$

$$DLI_j^* = \frac{\beta_j^* - \bar{\beta}^*}{\sigma_{\beta^*}} \tag{7.19}$$

7.4.2 线性损伤识别

为了探讨损伤识别指标对线性损伤的敏感性,假定系统为线性,且无噪声影响,单元 3 的线刚度折减 5%,即 $\xi_3 = 0.05$,$k_3 = 0$,其自由振动信号如图 7.2(c)。开展相干性分析前,先利用 AMD 方法对信号进行预处理,取截断频率为 4 Hz,从而使处理后信号只包含系统的第一阶模态信息,且处理后的信号具有相同的带宽。信号截断前后傅里叶谱对比如图 7.3 所示,AMD 处理后的自由振动响应信号如图 7.4 所示。

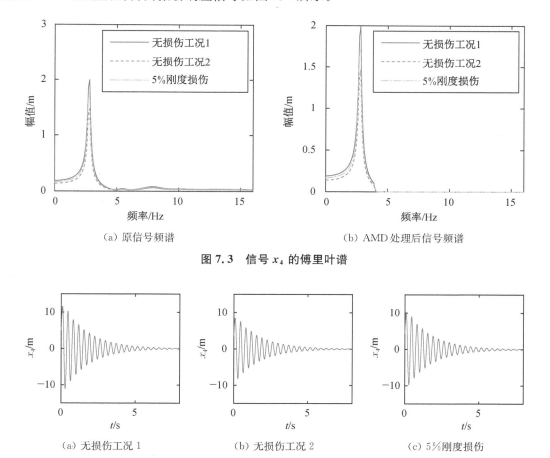

（a）原信号频谱　　　　　　　　　　（b）AMD 处理后信号频谱

图 7.3　信号 x_4 的傅里叶谱

（a）无损伤工况 1　　　　（b）无损伤工况 2　　　　（c）5%刚度损伤

图 7.4　分解后信号

对预处理后的信号进行 STC 分析,各信号的峰值相干函数 PCF 如图 7.5 所示,其中蓝色线表示两个无损伤工况信号间的 PCF。在无损伤无测量噪声的情况下,尽管两次测试的振动幅值不同,其 PCF 仍为一条恒等于 1 的直线,该结果证明 STC 为一与幅值无关的函数。

图 7.5 中的曲线表示无损伤工况和损伤工况信号间的 PCF。对于所有测点,该曲线数值均低于 1,这说明系统线性刚度的损伤会引起 PCF 值的减小。

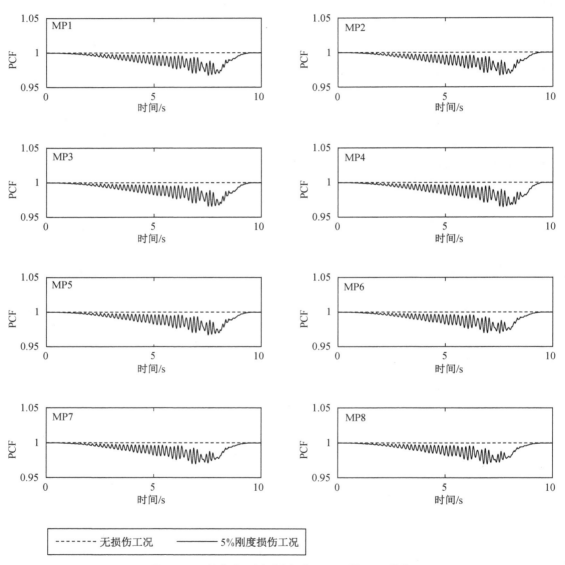

图 7.5　无损伤和 5% 刚度损伤工况下的 PCF 曲线

根据公式(7.9)—(7.10),利用 PCF 构建损伤诊断指标 DDI,如图 7.6(a)所示。从图中可以看出任何测点处的 DDI 值均小于 0,即均能指示出损伤的发生。然后利用相邻测点间获得的响应信号进行相干性分析,构建损伤定位指标 DLI。如图 7.6(b)所示,以 1.5

作为损伤判别阈值(置信度水平为 93.32％),DLI 指标可以准确地定位到单元 3 有损伤。

作为对比研究,利用传统的 TC 方法对信号进行分析,根据式(7.17)～(7.19)构建损伤识别指标 DDI* 和 DLI*。如图 7.6 所示,DDI* 对损伤的敏感性明显低于 DDI,利用同样的损伤判别阈值,DLI* 不能准确定位到单元 3 的损伤。

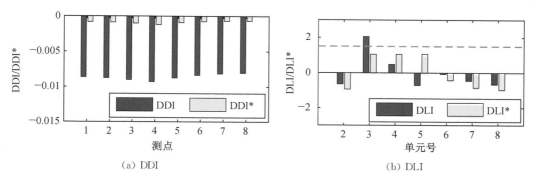

图 7.6 损伤指标

为了进一步研究损伤识别指标对线性损伤的敏感性,从 1％到 95％设置 27 个不同的损伤水平,结果如图 7.7 和表 7.1 所示。可以看出,随着损伤水平的提高,DDI 值不断降低,因此 DDI 可以指示损伤程度的相对大小。当 ξ_3 高达 95％时,DDI 值接近 -0.5。

基于传统的 TC 方法构建的指标 DDI* 同样有类似的趋势,如图 7.7 和表 7.1 所示,但与 DDI 的区别不容忽视。对比图 7.7(a)和(b)可以看出,当损伤程度低于 55％时,DDI 值明显低于 DDI*。这说明对于小损伤,基于 STC 的损伤诊断指标比基于 TC 的指标更敏感。

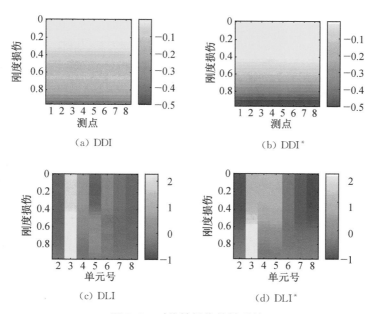

图 7.7 对线性损伤的敏感性

表 7.1　不同刚度损伤水平下第 4 测点处 DDI 和 DDI* 的部分计算结果展示

测点	指标	刚度损伤/%									
		1	10	20	30	40	50	60	70	80	90
4	DDI	−0.001	−0.028	−0.077	−0.112	−0.133	−0.134	−0.135	−0.165	−0.226	−0.351
	DDI*	0	−0.004	−0.015	−0.037	−0.074	−0.132	−0.2111	−0.308	−0.413	−0.514

　　损伤定位指标 DLI 的计算结果如表 7.2 和图 7.7(c)所示,可以看出该值随着损伤水平变化较稳定。给定损伤阈值 $DLI_c = 1.5$,可以非常准确地定位到单元 3 的损伤,即便是损伤水平低于 1%。这说明基于 STC 所构建的 DLI 对刚度损伤极其敏感。而基于传统的 TC 构建的指标 DLI*(如图 7.7(d)和表 7.2 所示)只有当损伤程度大于 40% 时,才能准确定位到损伤。

表 7.2　不同刚度损伤水平下 DLI 和 DLI* 的计算结果

单元号	指标	刚度损伤/%									
		1	10	20	30	40	50	60	70	80	90
2	DLI	−0.656	−0.651	−0.673	−0.670	−0.647	−0.635	−0.618	−0.586	−0.527	−0.446
	DLI*	−0.931	−0.925	−0.912	−0.880	−0.810	−0.691	−0.589	−0.506	−0.428	−0.388
3	DLI	2.045	2.077	2.142	2.168	2.168	2.191	2.191	2.204	2.230	2.259
	DLI*	1.009	1.108	1.266	1.493	1.777	2.043	2.172	2.237	2.263	2.268
4	DLI	0.503	0.431	0.268	0.080	−0.030	−0.092	−0.227	−0.328	−0.418	−0.443
	DLI*	1.075	1.013	0.913	0.758	0.523	0.220	−0.005	−0.185	−0.337	−0.394
5	DLI	−0.675	−0.654	−0.397	−0.059	0.080	−0.001	0.102	0.084	−0.002	−0.199
	DLI*	1.070	1.036	0.965	0.833	0.610	0.307	0.081	−0.101	−0.256	−0.357
6	DLI	−0.070	−0.091	−0.168	−0.297	−0.348	−0.273	−0.289	−0.275	−0.289	−0.320
	DLI*	−0.415	−0.428	−0.447	−0.470	−0.488	−0.486	−0.474	−0.474	−0.420	−0.370
7	DLI	−0.475	−0.453	−0.499	−0.560	−0.580	−0.550	−0.542	−0.514	−0.471	−0.411
	DLI*	−0.842	−0.843	−0.840	−0.822	−0.773	−0.679	−0.594	−0.487	−0.402	−0.372
8	DLI	−0.672	−0.660	−0.673	−0.664	−0.645	−0.639	−0.617	−0.586	−0.523	−0.440
	DLI*	−0.966	−0.961	−0.947	−0.913	−0.839	−0.714	−0.592	−0.493	−0.420	−0.387

7.4.3　非线性损伤识别

　　为了探讨损伤识别指标对非线性损伤的敏感性,假定损伤的发生只引起单元 3 处出现弱非线性($\xi_3 = 0$,$k_3 = 50$),线性刚度损伤和测量噪声均不考虑。

　　利用龙格-库塔方法求解自由振动信号,并用 AMD 方法提取信号中的一阶成分。对所有测点处损伤前后的信号开展 STC 分析,从图 7.8 可以看出,弱非线性同样会引起 PCF 值的降低。

利用 PCF 构建损伤检测指标,如图 7.9(a)所示。从图中可以看出任意测点处的 DDI 值均可以诊断出非线性损伤的发生。

进一步构建损伤定位指标 DLI,结果如图 7.9(b)所示,单元 3 处的损伤可以被准确地定位到。

同上,对 STC 方法和传统的 TC 方法进行对比研究。如图 7.9(b)所示,利用传统的 TC 方法构建的损伤检测指标 DDI* 对损伤的敏感性明显低于 DDI 值,损伤定位指标 DLI* 值也不能准确地定位出损伤。

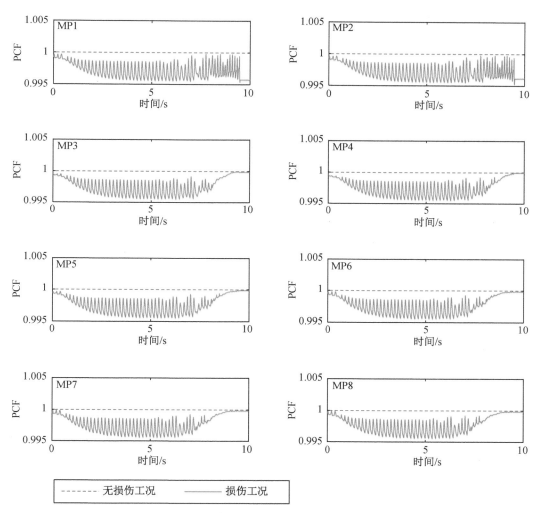

图 7.8　系统弱非线性损伤前后的 PCF 曲线

为了进一步探讨损伤识别方法对非线性损伤的敏感性,对 k_3 从 0 到 2 000 之间取 14 个不同的损伤水平来开展数值研究,结果如图 7.10 和表 7.3、表 7.4 所示。可以看出,随着非线性水平的提高,DDI 值不断降低,这说明 DDI 值可以反映出非线性的相对水平。同样选取损伤阈值 $DLI_c = 1.5$,所构建的 DLI 指标可以准确定位到损伤位置。

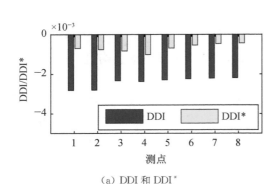

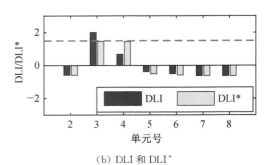

（a）DDI 和 DDI*　　　　　　　　　　（b）DLI 和 DLI*

图 7.9　弱非线性损伤的指标

　　利用传统的 TC 方法进行分析,构建损伤识别指标 DDI* 和 DLI*,如图 7.10(b)、(d)所示。可以看出,同一损伤水平下,DDI* 的数值明显高于 DDI,由此可知 DDI* 对非线性损伤的敏感性明显低于 DDI。另外,当非线性损伤较弱时,利用 DLI* 会产生误诊,这说明 STC 相比于 TC 对于非线性损伤的识别更有效。

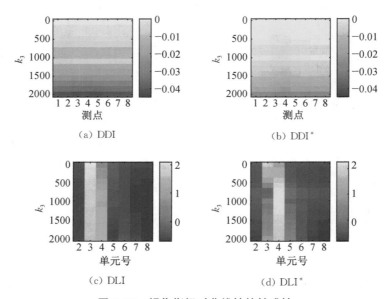

（a）DDI　　　　　　　　　　（b）DDI*

（c）DLI　　　　　　　　　　（d）DLI*

图 7.10　损伤指标对非线性的敏感性

表 7.3　不同非线性损伤水平下第 4 测点处 DDI 和 DDI* 的计算结果

测点	指标	非线性水平								
		25	50	100	200	500	750	1 000	1 500	2 000
4	DDI	−0.001	−0.003	−0.004	−0.007	−0.020	−0.023	−0.031	−0.036	−0.043
	DDI*	0	−0.001	−0.002	−0.003	−0.009	−0.011	−0.015	−0.018	−0.022

表 7.4 不同非线性损伤水平下 DLI 和 DLI* 的计算结果

单元号	指标	非线性水平								
		25	50	100	200	500	750	1 000	1 500	2 000
2	DLI	−0.553	−0.580	−0.600	−0.615	−0.623	−0.621	−0.618	−0.618	−0.620
	DLI*	−0.560	−0.587	−0.576 3	−0.510 3	−0.586 8	−0.618 5	−0.668 3	−0.694 2	−0.727 4
3	DLI	**2.097**	**2.006**	**1.908**	**1.792**	**1.587**	**1.591**	**1.606**	**1.603**	**1.567**
	DLI*	**1.850**	1.465	0.918	0.176	0.127	0.202	0.305	0.384	0.535
4	DLI	0.482	0.670	0.873	1.056	1.325	1.321	1.304	1.307	1.345
	DLI*	0.985	1.461	1.888	2.191	2.168	2.137	2.079	2.038	1.964
5	DLI	−0.360	−0.372	−0.386	−0.406	−0.507	−0.534	−0.580	−0.602	−0.627
	DLI*	−0.531	−0.511	−0.440	−0.291	−0.050	−0.001	0.095	0.135	0.167
6	DLI	−0.486	−0.497	−0.501	−0.410	−0.468	−0.460	−0.443	−0.432	−0.414
	DLI*	−0.570	−0.587	−0.561	−0.471	−0.443	−0.449	−0.453	−0.459	−0.473
7	DLI	−0.589	−0.619	−0.640	−0.653	−0.637	−0.628	−0.612	−0.603	−0.597
	DLI*	−0.584	−0.615	−0.605	−0.535	−0.581	−0.605	−0.643	−0.663	−0.692
8	DLI	−0.592	−0.628	−0.654	−0.675	−0.675	−0.669	−0.658	−0.654	−0.655
	DLI*	−0.590	−0.626	−0.623	−0.561	−0.634	−0.665	−0.715	−0.740	−0.774

7.4.4 噪声鲁棒性

在实际测试中,噪声是不可避免的。为了探讨基于 STC 的损伤识别方法的鲁棒性,假定单元 3 既有线性损伤,又有非线性损伤($\xi = 0.1$,$k_3 = 50$),且测量信号中含有噪声。

噪声信号 $\hat{x}(t)$ 采用在真实信号 $x(t)$ 中添加高斯白噪声的方式模拟[5]:

$$\hat{x}(t) = x(t) + n(t) \tag{7.20}$$

$$n(t) = \sigma_n \varepsilon(t) \tag{7.21}$$

其中 $\varepsilon(t)$ 为均值为 0,标准差为 1 的高斯随机时间序列;σ_n 为噪声的标准差,该值可以通过选定的噪声水平 δ 计算得到:

$$\delta = \sqrt{\frac{P_n}{P_x}} = \sqrt{\frac{RMS^2(n(t))}{RMS^2(x(t))}} = \frac{RMS(n(t))}{RMS(x(t))} \tag{7.22}$$

$$\sigma_n = RMS(n(t)) = \delta \times RMS(x(t)) \tag{7.23}$$

其中 P_n 和 P_x 代表噪声和真实信号的功率;$RMS(\cdot)$ 为均方根运算符。

假定噪声水平为 10%,自由振动信号如图 7.11 所示。利用 AMD 方法进行预处理,只保留一阶成分,如图 7.12 所示,处理后信号变得光滑,这说明 AMD 方法具有一定的消噪能力。

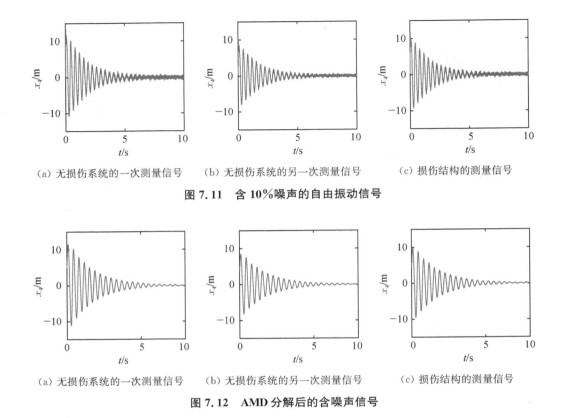

（a）无损伤系统的一次测量信号　　（b）无损伤系统的另一次测量信号　　（c）损伤结构的测量信号

图 7.11　含 10% 噪声的自由振动信号

（a）无损伤系统的一次测量信号　　（b）无损伤系统的另一次测量信号　　（c）损伤结构的测量信号

图 7.12　AMD 分解后的含噪声信号

利用 STC 分解，构建损伤诊断指标 DDI 和损伤定位指标 DLI，结果如图 7.13 所示。从图中可以看出，任意测点的 DDI 值均能检测出损伤的发生，DLI 指标可以准确定位到损伤。而基于传统的 TC 方法构建的指标 DDI* 对损伤的敏感性明显低于 DDI，且不能准确定位到损伤。

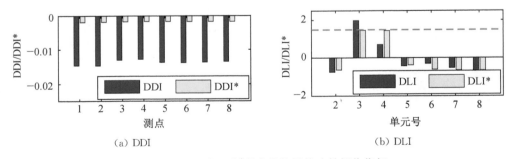

（a）DDI　　　　　　　　　　　　　　（b）DLI

图 7.13　利用含 10% 噪声的信号构建的损伤指标

为了进一步研究方法的鲁棒性，对含 10% 噪声的信号进行 1 000 次蒙特卡罗模拟。两个损伤指标的均值和标准差如图 7.14 所示，从图中可以看出，本研究提出的方法对损伤的敏感性较稳定，可以准确诊断出结构发生损伤。损伤定位指标 DLI 的均值仅在单元 3 处超过阈值，可以准确定位损伤；另外，单元 5 处 DLI 的标准差最大，这说明该单元对测量噪声较敏感。

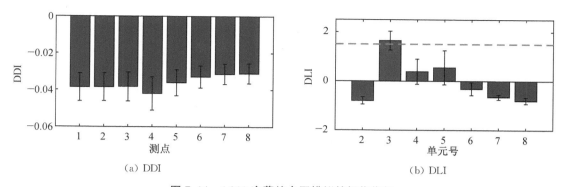

(a) DDI (b) DLI

图 7.14 1 000 次蒙特卡罗模拟的损伤指标

使噪声水平从 0～40％变化,对每一噪声水平进行 1 000 次蒙特卡罗模拟,两个指标的均值如图 7.15 所示。从图中可以看出,随着噪声水平的提高,DDI 均值会变大,当噪声水平低于 10％时,噪声对识别结果影响较小。另外,DLI 总是在单元 3 处取得峰值,即便是噪声水平高达 40％。

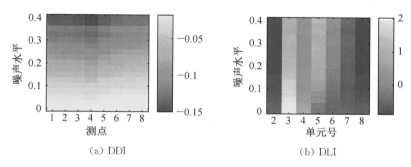

(a) DDI (b) DLI

图 7.15 不同噪声水平下的 DDI 和 DLI 均值

值得注意的是,对于某一选定的损伤判别阈值,不同的模拟信号获得的损伤定位结果可能有所不同。因此利用一个参数——正确识别概率(p_d),来探讨噪声对损伤定位指标的影响[17,19]:

$$p_d = \frac{n_d}{n_s} \times 100\% \qquad (7.24)$$

其中 n_s 为某一噪声水平下蒙特卡罗模拟的次数;n_d 为正确识别损伤位置的次数。

取三种置信度水平的损伤判别阈值为 1.5,1.25 和 1.0(置信度分别为 93.32％,90％和84.13％),不同噪声水平下,DLI 能够准确定位损伤的概率如图 7.16 所示。从图中可以看出,三条曲线均会随着噪声水平的提高而下降。当噪声水平低于 5％时,正确识别损伤的概率 p_d 高达 100％;当噪声水平达到 10％时,p_d 仍然高于 70％。除此之外,可以发现,当损伤判别阈值较大时,可能导致损伤的漏诊,从而使得 p_d 较低;而较小的损伤判别阈值,虽会降低漏诊的概率,但有可能会导致误诊。这说明,损伤判别阈值的选取除了需要考虑置信度,还应将噪声水平考虑进去。

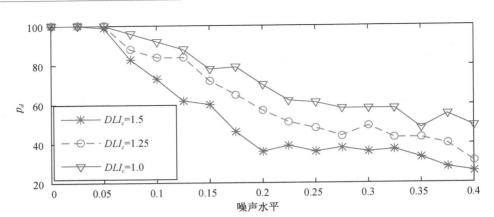

图 7.16 不同噪声水平下 DLI 的正确识别概率

7.5 损伤识别实验算例

利用第 5 章介绍的实验模型对基于 STC 的损伤识别方法进行研究。在研究中,同样开展了四种工况的振动测试,包含三种损伤工况和一种无损伤工况,如表 7.5 所示,其中无损伤工况开展两次测试。如图 5.22 和图 5.23 所示,损伤位置位于 2 号单元处。对于损伤工况 DC1,只有一个螺栓被拧松,因此刚度损失和对结构产生的非线性都非常微弱;当拧松两个或三个螺栓时,损伤程度开始增大,工况 DC2 和 DC3 出现明显的刚度损失,且在 DC3 中,由于只有一个螺栓处于完好状态,结构振动响应中显现出明显的非线性行为。

典型自由振动响应如图 5.25(a)所示。同前两章,为了使各响应信号有相同的带宽,采用 AMD 方法对其进行预处理,使各信号只包含结构的第一阶模态信息,处理后信号如图 5.25(b)所示。

表 7.5 振动测试工况

工况	损伤模拟	损伤水平
UD 1	—	无损伤
UD 2	—	无损伤
DC 1	拧松 1 个螺栓	轻微损伤
DC 2	拧松 2 个螺栓	中等损伤
DC 3	拧松 3 个螺栓	严重损伤(非线性)

利用 STC 方法对各预处理后的信号进行分析,其 PCF 曲线如图 7.17 所示。从图中可以看出随着损伤程度的提高,PCF 值不断降低。

利用 PCF 构建损伤诊断指标 DDI,如图 7.18 所示。从图中可以看出任意测点的 DDI 值均能指示损伤的发生,且该指标值会随着损伤程度的提高而降低。

进一步构建损伤定位指标 DLI,选取损伤判别阈值,如图 7.19 所示。从图中可以看出,三种损伤工况下,该指标均能将损伤准确定位。

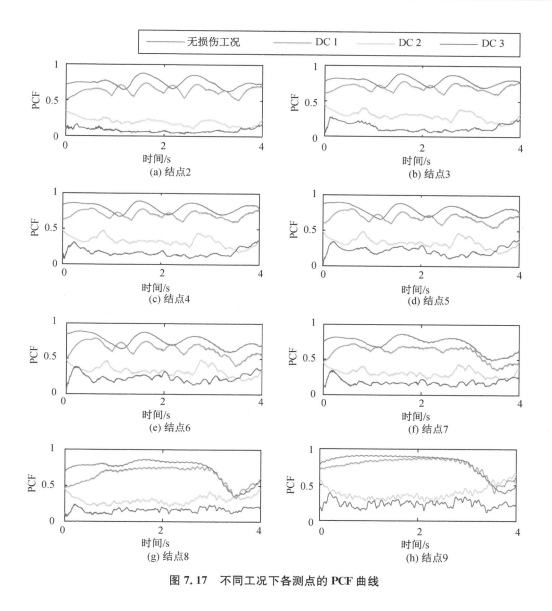

图 7.17 不同工况下各测点的 PCF 曲线

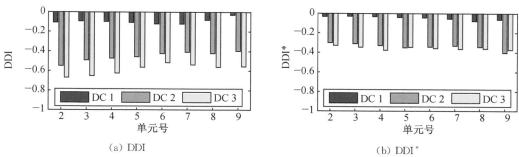

图 7.18 不同工况下的损伤识别指标

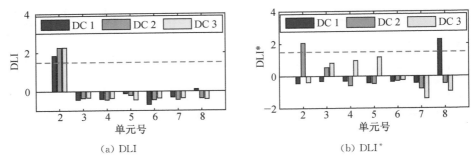

图 7.19 不同工况下的损伤定位指标

采用传统的 TC 方法进行对比研究,发现 DDI* 指标也能指示损伤的发生,但其灵敏性明显低于 DDI;DLI* 指标只能准确定位到工况 2 的损伤。由此可以证明基于 STC 的损伤识别方法具有较强的可靠性和实用性。

7.6 本章小结

本章介绍了一种基于短时时域相干函数(STC)的损伤识别方法。在传统的时域相干函数(TC)的基础上,通过引入窗函数,得到了短时时域相干函数,并定义了峰值相干函数(PCF);利用 PCF 函数,构建了两种新的损伤识别指标——损伤检测指标(DDI)和损伤定位指标(DLI),可利用实测的自由振动响应信号对线性、非线性损伤进行检测和定位。

为了验证这一新的基于 STC 的损伤识别方法的有效性和鲁棒性,以一个 8 自由度弹簧-阻尼-质量系统为算例开展了数值研究。研究结果显示,所构建的两个损伤判别指标对结构损伤引起的线性刚度损失和非线性均非常敏感。损伤检测指标 DDI 的数值会随着刚度损失程度以及非线性水平的提高而增大,因此该指标除了能够快速检测出结构的损伤,还能反映出损伤程度的相对大小。另外,损伤定位指标 DLI 能够准确地定位损伤的位置,即便结构只是发生了很小的刚度损失或产生了很微弱的非线性特征。为了进一步展示基于 STC 的损伤识别方法的优势,还开展了与传统 TC 方法的对比研究。结果显示:基于 PCF 构建的判别指标比用 PC 构建的指标对损伤更敏感,尤其是对于弱刚度损伤和强非线性。

当振动响应信号中含有测量噪声时,基于 STC 的损伤识别方法仍然能够成功地识别并定位损伤。统计分析结果显示:当噪声水平低于 10% 时,DDI 的均值十分稳定;当测量噪声高达 40% 时,DLI 指标的峰值仍然能够指示出损伤的位置,但损伤的正确识别率还会受到判别阈值的影响。

为了进一步验证方法的实用性,以第 5 章介绍的实验模型为算例开展了损伤识别研究。结果显示:利用任意测点获取的信号所构建的损伤检测指标 DDI 均能正确地检测出结构的损伤,并且通过 DDI 的指标值可以反映出损伤程度的相对大小。损伤定位指标 DLI 可以准确地识别出单元 2 处的损伤。鉴于研究中没有采取任何专门的信号消噪措施,研究结果也间接地证明基于 STC 的损伤识别方法有较强的噪声鲁棒性。

参考文献

［1］ FILHO J V, FABRICIO G B, INMAN D J. A PZT-based technique for SHM using the coherence function［M］. New York：Advanced Aerospace Applications. Springer，2011.

［2］ WU Z G, YANG N, YANG C. Identification of nonlinear structures by the conditioned reverse path method［J］. Journal of Aircraft，2015，52(2)：373-386.

［3］ SHI K, ZHOU G T, VIBERG M. Compensation for nonlinearity in a hammerstein system using the coherence function with application to nonlinear acoustic echo cancellation［J］. IEEE Transactions on Signal Processing，2007，55(12)：5853-5858.

［4］ WHITE L B, BOASHASH B. Cross spectral analysis of nonstationary processes［J］. IEEE Transaction on Information Theory，1990，36(4)：830-835.

［5］ YANG Z C, WANG L, WANG H, et al. Damage detection in composite structures using vibration response under stochastic excitation［J］. Journal of Sound and Vibration，2009，325(4-5)：755-768.

［6］ WANG L, YANG Z C, WATERS T P. Structural damage detection using cross correlation functions of vibration response［J］. Journal of Sound and Vibration，2010，329(24)：5070-5086.

［7］ HUO L S, LI X, YANG Y B, et al. Damage detection of structures for ambient loading based on cross correlation function amplitude and SVM［J］. Shock and Vibration，2016，1-12.

［8］ LI X Y, LAW S S. Matrix of the covariance of covariance of acceleration responses for damage detection from ambient vibration measurements［J］. Mechanical Systems & Signal Processing，2010, 24 (4)：945-956.

［9］ NI P, XIA Y, LAW S S, et al. Structural damage detection using auto/cross-correlation functions under multiple unknown excitations［J］. International Journal of Structural Stability and Dynamics，2014，14(5)：1440006.

［10］ COOPER G R, MCGILLEM C D. Probabilistic methods of signal and system analysis［M］. 3rd ed. Oxford：Oxford University Press，1998.

［11］ MICHAELS J E, MICHAELS T E. Detection of structural damage from the local temporal coherence of diffuse ultrasonic signals［J］. IEEE Transactions on Ultrasonics, Ferroelectrics, and Frequency Control，2005，52(10)：1769-1782.

［12］ MICHAELS J E. Detection, localization and characterization of damage in plates with an in situ array of spatially distributed ultrasonic sensors［J］. Smart Materials and Structures，2008，17(3)：035035.

［13］ MARTIN E, LARATO C, CLÉMENT A, et al. Detection of delaminations in sub-wavelength thick multi-layered packages from the local temporal coherence of ultrasonic signals ［J］. NDT & E International，2008，41(4)：280-291.

［14］ ZHU X, RIZZO P. Guided waves for the health monitoring of sign support structures under varying environmental conditions［J］. Structural Control & Health Monitoring，2013，20

(2)：36-52.

[15] YU L, LIN J C. Cloud computing-based time series analysis for structural damage detection [J]. Journal of Engineering Mechanics，2017，143(1)：C4015002.

[16] LI Y C, JIANG R N, Tapia J, et al.，Structural damage identification based on short-time temporal coherence using free-vibration response signals[J]. Measurement，2020，151：107209.

[17] LI Y C, ZHANG M, YANG W L. Numerical and experimental investigation of modal-energy-based damage localization for offshore wind turbine structures[J]. Advances in Structural Engineering，2018，21(10)：1510-1525.

[18] WANG S Q, LIU F S, ZHANG M. Modal strain energy based structural damage localization for offshore platform using simulated and measured data[J]. Journal of Ocean University of China，2014，13(3)：397-406.

[19] WANG S Q. Damage detection in offshore platform structures from limited modal data[J]. Applied Ocean Research，2013，41：48-56.

8

基于振动响应非线性瞬时特征的结构损伤识别

8.1 引言

近年来,基于非线性系统识别的损伤检测方法得到了越来越多的关注。现有的方法可大体分成三类:非线性指标函数法、基于非线性动力学理论的方法和非线性系统识别法[1]。其中非线性指标函数法,如信号的基本统计量指标[2-3]、相干函数[4-5]和高阶谱[6]等,相对简单实用。如果假定未损伤结构是线性的,指标函数可以通过指示非线性的产生来预警或定位损伤的发生。基于非线性动力学理论的方法同样也得到很多学者的研究。由于混沌是非线性系统在一定荷载激励下所产生的一种比较典型的行为,许多混沌行为的指标,如分形维和李雅普诺夫指数,已被尝试用于损伤检测[7-9]。与以上两种方法不同,非线性系统识别法可以用实测响应信号来估计结构及其运动方程中的物理参数,通过物理参数的数值变化直接识别损伤的发生及损伤程度。

常见的结构损伤(如呼吸裂纹、螺栓的部分松动等),通常会导致结构出现双线性刚度,因此在研究中经常采用双线性系统来模拟该类损伤。很多研究显示,双线性系统在简谐激励下会出现亚谐波响应[6]。在特定条件下,还会出现混沌行为。然而,如何利用其双线性或非线性特征来诊断结构损伤仍然是结构损伤识别领域的一个难题。而更困难的是如何从实测响应信号中提取出敏感的参数来识别损伤位置及其程度。

频率的变化以及非线性谐波/调制分量的某些定性或定量信息常被用来诊断裂纹损伤。如 Cheng 等[11]将自然频率比作为衡量裂纹程度的指标函数,并且还指出频响函数的边频可以作为识别疲劳裂纹产生的一个特征;Semperlotti 等[12]利用超谐波分量的相位信息来诊断裂纹损伤;还有很多方法利用超谐波的振幅来识别损伤[3,13];而 Prawin 等[14]则利用响应中线性分量的振幅减小量来诊断损伤。除了非线性谐波,Bovsunovsky 和 Surace[15]还考虑利用阻尼的变化来识别裂纹的产生。学者们提出了很多有用的指标函数,可用于呼吸裂纹的诊断及相对损伤程度估计。然而,这些研究大多基于某一特定激励下的振动响应,如简谐激励、混沌激励、扫频激励等。这些激励方式只能在实验室中实现,在实际工程中很难操作。

与之相比,自由振动响应相对更容易获得,且包含很多与结构固有特性相关的信息。学者们通过分析自由振动响应的频谱或时-频特性,同样发展了许多损伤指标函数[16-19],但大多数研究只用到了频率信息(如瞬时频率 IF)。事实上,对于自由振动响应信号来说,除了频率,我们还能提取出很多有用的信息,这也是本章的研究目的,即通过分析双线性系统的自由振动响应,优选更多的非线性参数来构建损伤指标函数,并发展实用的非线性系统识别方法来开展损伤程度的估计。

本研究利用经典的希尔伯特变换来对自由振动响应开展时-频分析,识别响应信号的瞬时特征参数[20-21];通过对瞬时特征参数进行分析来定性、定量探讨系统的非线性特性,如谐波畸变、调幅调频和刚度软化。Pai 等[10]对非线性系统的瞬时特征也开展过研究,利用摄动解和时频分析揭示了不同非线性系统振动响应的调幅和调相特性,然后利用这些特征来反推系统的非线性类型。与之不同,本研究将通过建立自由振动响应的非线性特征与损伤程度之间的关系,来优选敏感参数开展"双线性型损伤"的识别。

本章不再过多分析常用的瞬时频率 IF,而是围绕其他瞬时特征参数(如瞬时振幅 IA 和瞬时模态频率)与损伤程度之间的关系进行探讨。通过分析瞬时特征的振荡幅度以及调制功率,构建了两个损伤指标函数;除此之外,还发展了一种简单实用的脊骨线绘制方法——半周期平均化过程,利用脊骨线形状的变化构建了一种损伤判别指标。

与现有的非线性指标函数[1-6]相似,本章所介绍的三种指标函数只能用来快速诊断损伤的发生。如果想进一步识别损伤程度,可能需要借助其他的方法,如非线性系统识别。正是基于此目的,本章还将 Feldman[21]所提出的"FREEVIB"方法应用到了双线性系统的回复力识别中。由于系统在正负位移两个方向上的刚度不同,双线性系统的振动响应所呈现出的最大特征就是不对称[21-22]。本章将通过识别不对称的回复力,来估计双线性刚度系数比,从而直接量化损伤程度。

基于以上研究目的和研究思路,本章将首先介绍希尔伯特变换与信号瞬时特征估计方法;回顾"FREEVIB"系统识别方法的基本思路;其次基于含裂纹梁的双线性模型,探讨其自由振动响应的瞬时特征,优选敏感性特征构建损伤指标函数;然后利用双线性系统非对称回复力的识别,实现对损伤程度的估计;最后利用实验数据对方法进行验证。

8.2 基于希尔伯特变换的非线性系统识别

8.2.1 希尔伯特变换与信号瞬时特征估计

信号为 $x(t)$ 的希尔伯特变换可由积分变换定义[21-22]:

$$H[x(t)] = \tilde{x}(t) = \frac{1}{\pi} PV \int_{-\infty}^{\infty} \frac{x(\tau)}{t-\tau} \mathrm{d}\tau \tag{8.1}$$

其中 PV 表示柯西积分。在应用希尔伯特变换时,可以将原信号 $x(t)$ 作为实部,其相应的希尔伯特变换 $\tilde{x}(t)$ 作为虚部来构建解析信号:

$$X(t) = x(t) + \mathrm{j}\tilde{x}(t) = A(t)\mathrm{e}^{\mathrm{j}\psi(t)} \tag{8.2}$$

其中解析信号的模量 $A(t)$ 即为给定信号的瞬时振幅(Instantaneous Amplitude,IA);

$\psi(t)$ 为瞬时相位,均可由原始信号及其希尔伯特变换表示:

$$x(t) = A(t)\cos\psi(t)$$
$$\tilde{x}(t) = A(t)\sin\psi(t) \tag{8.3}$$

$$A(t) = \sqrt{x^2(t) + \tilde{x}^2(t)} \tag{8.4}$$

$$\psi(t) = \arctan[\tilde{x}(t)/x(t)] \tag{8.5}$$

其瞬时特征,如瞬时频率 $\omega(t)$(Instantaneous Frequency,IF),瞬时幅值、瞬时相位及其导数可直接作为时间函数或利用信号解析关系计算:

$$\omega(t) = \dot{\psi}(t) = \frac{x(t)\dot{\tilde{x}}(t) - \dot{x}(t)\tilde{x}(t)}{A^2(t)} = \text{Im}\left[\frac{\dot{X}(t)}{X(t)}\right] \tag{8.6}$$

$$\dot{A}(t) = \frac{x(t)\dot{x}(t) - \tilde{x}(t)\dot{\tilde{x}}(t)}{A(t)} = A(t)\text{Re}\left[\frac{\dot{X}(t)}{X(t)}\right] \tag{8.7}$$

$$\dot{X} = X[\dot{A}(t)/A(t) + \text{j}\omega(t)] \tag{8.8}$$

$$\ddot{X} = X[\ddot{A}(t)/A(t) - \omega^2(t) + 2\text{j}\dot{A}(t)\omega(t)/A(t) + \text{j}\dot{\omega}(t)] \tag{8.9}$$

其中 $\dot{\omega}(t)$,$\dot{A}(t)$ 和 $\ddot{A}(t)$ 是 IF 和 IA 的一阶导数和二阶导数。

8.2.2　系统回复力和阻尼力识别

对于弱非线性单自由度系统,其自由振动方程可以写成:

$$\ddot{x} + 2h_0(\dot{x})\dot{x} + \omega_0^2(x)x = 0 \tag{8.10}$$

其中 $h_0(\dot{x})$ 和 $\omega_0(x)$ 分别为瞬时阻尼系数和瞬时模态频率(Modal Frequency,MF)。由于位移 x 和速度 $\dot{x}$ 是时间 t 的函数,因此可以将其写成 $h_0(t)$,$\omega_0(t)$。

如果忽略解中所有的高次谐波,只考虑一次解,则 $h_0(t)$、$\dot{x}$、$\omega_0^2(t)$、x 均可视为频谱不重叠的信号。

根据希尔伯特变换的性质,即 $H[n_{slow}(t)x_{fast}(t)] = n_{slow}(t)\tilde{x}_{fast}(t)$,对式(8.10)开展希尔伯特变换时,则有:

$$\ddot{\tilde{x}} + 2h_0(t)\dot{\tilde{x}} + \omega_0^2(t)\tilde{x} = 0 \tag{8.11}$$

将等式(8.11)的两边各乘以 j,并将其与式(8.10)相加,可以得到解析信号的微分方程:

$$\ddot{X} + 2h_0(t)\dot{X} + \omega_0^2(t)X = 0 \tag{8.12}$$

将式(8.8)、式(8.9)中的导数带入,并将实部和虚部分离,得到瞬时模态参数:

$$\omega_0^2(t) = \omega^2(t) - \frac{\ddot{A}(t)}{A(t)} + \frac{2\dot{A}^2(t)}{A^2(t)} + \frac{\dot{A}(t)\dot{\omega}(t)}{A(t)\omega(t)} \tag{8.13}$$

$$h_0(t) = -\frac{\dot{A}(t)}{A(t)} - \frac{\dot{\omega}(t)}{2\omega(t)} \tag{8.14}$$

从理论上讲,利用上述瞬时模态参数,通过对振动信号中的采样点进行适当的数值拟合,即可识别系统的回复力 $K(x)$ 和阻尼力 $C(x)$,因为每个采样点都满足以下关系:

$$K(x) = \omega_0^2(x)x \tag{8.15}$$

$$C(x) = 2h_0(\dot{x})\dot{x} \tag{8.16}$$

上述推导过程的前提是只考虑主解（固有频率解），但在实际应用中，非线性系统的自由振动解含有丰富的谐波成分，其中包含主解和若干高频超谐波。这些谐波分量可视为波内调幅和/或调相。因此，估计的瞬时参数，如 IA 和 IF，也表现出快速波动和调制的畸变谐波[10,20,21]。为了应用上述方法，通常采用滤波或平均方法来平滑瞬时特征参数的波动。但事实上，这些波动中包含了许多有助于理解振动非线性性质的有用信息，它们应该被保留和应用。

8.3   双线性系统振动响应瞬时特征分析与结构损伤检测

裂缝是结构中常见的一种损伤形式。当结构发生振动时，它可能会随着结构的振动产生周期性的"张开-闭合"，这一运动被称为裂纹的"呼吸"，能够呼吸的裂缝，称为呼吸裂缝。呼吸裂缝是一种特殊的损伤形式，在其开合的过程中，结构局部刚度会发生变化，从而导致结构产生非线性振动响应。

本章将以一个含裂纹简支梁[1]为例，采用双线性模型来模拟裂纹的时变刚度；通过探讨双线性系统自由振动响应的瞬时特征，探讨该类损伤所引起的非线性行为，从而为该类损伤的有效识别提供依据。

8.3.1   裂纹损伤的双线性模型

如图 8.1(a)所示的简支梁，假设跨中有一条垂向呼吸裂纹，且裂纹只有完全张开和完全闭合两种理想状态，当结构主要以一阶模态的形式自由振动时，可采用图 8.1(b)所示的双线性单自由度系统[1,18,19]来模拟该含裂纹梁。

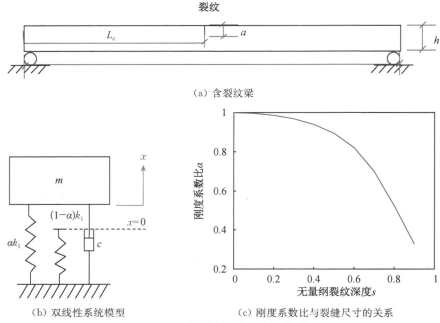

（a）含裂纹梁

（b）双线性系统模型

（c）刚度系数比与裂缝尺寸的关系

图 8.1   含裂纹梁的双线性模型

该系统的自由振动方程可写为：

$$m\ddot{x} + c\dot{x} + kx = 0 \tag{8.17}$$

其中 m 为质量；c 为阻尼系数，双线性刚度系数记为：

$$k = \begin{cases} k_1 & x < 0 \\ \alpha k_1 & x \geqslant 0 \end{cases} \tag{8.18}$$

其中 α 为刚度系数比，且满足 $0 < \alpha \leqslant 1$。当 $\alpha = 1$ 时，$k = k_1$，此时系统为线性。当裂纹张开时，系统的刚度系数将通过乘以 α 的方式进行折减。为了与公式(8.10)相一致，将(8.17)所示自由振动方程写为：

$$\ddot{x} + 2h\dot{x} + \omega_0^2 x = 0 \tag{8.19}$$

其中阻尼比 $h = \dfrac{c}{2m}$；ω_0 表示系统的模态频率(MF)。于是系统自由振动的回复力 $K(x)$ 可写为：

$$K(x) = \omega_0^2 x = \begin{cases} \dfrac{k_1}{m}x = \omega_n^2 x & x < 0 \\ \alpha \dfrac{k_1}{m}x = \omega_p^2 x & x \geqslant 0 \end{cases} \tag{8.20}$$

其中 ω_n 和 ω_p 分别为发生负位移和正位移时系统的子模态频率。

在以上双线性系统中，裂纹损伤及其损伤程度是通过改变刚度系数比 α 来反映的。为了使 α 具有更直接的物理意义，以下将建立其与裂纹深度之间的关系。

假定图 8.1 所示简支梁跨中有一垂直裂缝，裂缝深度为 a，定义一无量纲裂纹深度 s，使其满足 $s = a/h$。当裂纹张开时，引裂纹导致的跨中柔度的变化为[16]：

$$\Delta C = \frac{18\pi L_c^2 (1 - \nu^2)}{E w h^2} g(s) \tag{8.21}$$

$$\begin{aligned} g(s) = {}& 19.6 s^{10} - 40.755\,6 s^9 + 47.106\,3 s^8 - 33.035\,1 s^7 + 20.294\,8 s^6 \\ & - 9.973\,6 s^5 + 4.594\,8 s^4 - 1.045\,33 s^3 + 0.627\,2 s^2 \end{aligned} \tag{8.22}$$

其中 L_c 为裂纹位置到简支梁左侧支点的距离(m)；其他符号所表示的物理意义见表 8.1。

当裂纹完全闭合时，假定梁的刚度系数 k_1 与无损伤情况相同，则其柔度为 $C = 1/k_1$。

基于此，当裂纹全部张开时，梁的柔度为 $C_o = C + \Delta C = \dfrac{1}{k_1} + \Delta C$。根据柔度与刚度的关系，则裂纹全部张开时，满足 $\alpha k_1 = 1/C_o$。由此可以建立其刚度系数比 α 与无量纲裂纹深度 s 之间的关系，如式(8.23)所示，关系曲线如图 8.1(c)所示。

$$\alpha = \frac{1}{1 + \Delta C k_1} \tag{8.23}$$

为了探讨损伤结构振动响应的非线性特性，以图 8.1 所示简支梁为例进行数值模拟研究，结构几何和物理参数如表 8.1 所示。数值模拟中共设置了四种损伤工况，包含一种无损伤工况 Ud 和三种不同程度的损伤工况 DⅠ、DⅡ和 DⅢ。各工况的刚度系数比及无量纲裂纹深度如表 8.2 所示。当结构无损伤时,系统为线性,其固有频率(模态频率)为 $\omega_m = 213.5$ rad/s。

表 8.1 含裂纹梁模型参数

参数		数值
尺寸	长度 L	0.8 m
	宽度 w	5 cm
	厚度 h	1 cm
材料	密度 ρ	2 700 kg/m³
	杨氏模量 E	70 GPa
	泊松比 ν	0.3
模型	刚度 k	27 346 N/m
	质量 m	0.6 kg
	阻尼 c	2.6 N·s/m

表 8.2 损伤工况模拟

工况	α	s
Ud	1.0	0.00
DⅠ	0.8	0.62
DⅡ	0.6	0.75
DⅢ	0.4	0.86

8.3.2 自由振动响应的瞬时特征

采用四阶龙格-库塔方法对各工况下的自由振动方程进行求解,初始条件设为 $x_0 = 0.04$ m,$\dot{x}_0 = 0$。然后利用希尔伯特变换识别各工况下自由振动响应的瞬时特征,如瞬时振幅(IA)和瞬时频率(IF)。

如图 8.2 所示为无损伤工况 Ud 的自由振动响应时程及其瞬时参数。从图中可以看出,IA 和 IF 曲线都很光滑,且 IF 为常数,这一识别结果符合线性系统的特征。

当损伤发生后,如图 8.3 所示,IA 和 IF 中均呈现出快速振荡,即出现了振幅和频率的调制现象,这也就意味着呼吸裂纹损伤的发生会导致振动响应的非线性畸变。

瞬时频率 IF 是损伤检测研究中常用的一个特征[17-18],而其他瞬时特征却很少被使用。为了探索更多对损伤敏感的参数,以下将首先研究裂纹损伤对瞬时振幅 IA 和瞬时模态频率 MF 等特征的影响规律。

图 8.4 所示为四个工况下结构自由振动响应的 IA 和 MF。从图中可以看出,IA 和 MF 的振动幅值会随着损伤程度的增大而增大。为了量化 IA 和 MF 的振荡幅度,定义一指标——平均变化率(Mean Variation Ratio,MVR),该指标的计算过程如下所示。

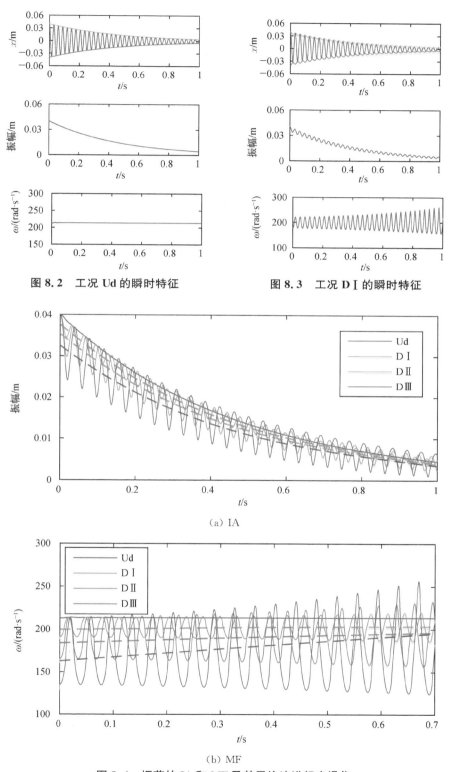

图 8.2 工况 Ud 的瞬时特征　　　　　图 8.3 工况 DⅠ 的瞬时特征

（a）IA

（b）MF

图 8.4　振荡的 IA 和 MF 及其平均法进行光滑化

第一步:选择一段非线性调制现象明显的信号,如本算例中取 0～1 s;

第二步:在振荡的瞬时振幅和模态频率曲线中寻找所有的峰值和谷值,并按照时间顺序进行排列,记为 $(A_1, A_2, \cdots, A_k)$ 和 $(\omega_1, \omega_2, \cdots, \omega_k)$;

第三步:计算平均变化率指标 MVR:

$$\begin{cases} MVR_{IA} = \dfrac{1}{k-1} \sum_{i=1}^{k-1} \dfrac{|A_i - A_{i+1}|}{0.5(A_i + A_{i+1})} \\ MVR_{MF} = \dfrac{1}{k-1} \sum_{i=1}^{k-1} \dfrac{|\omega_i - \omega_{i+1}|}{0.5(\omega_i + \omega_{i+1})} \end{cases} \tag{8.24}$$

根据以上步骤,对算例进行分析,结果如图 8.5 所示。根据多项式拟合结果,IA 和 MF 的 MVR 指标与无量纲裂纹深度 s 之间成四次多项式关系,与刚度系数比 α 之间成二次多项式关系。当 $s > 0.2$($\alpha < 0.99$)时,IA 和 MF 的 MVR 指标均有明显的数值。这一结果说明自由振动响应瞬时特征 MF 和 IA 的变化可以用来检测损伤并能预测损伤的相对程度。

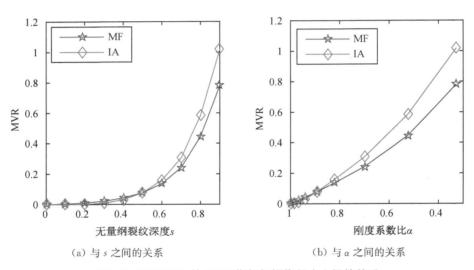

图 8.5　MF 和 IA 的 MVR 指标与损伤程度之间的关系

8.3.3　瞬时特征的频谱特性

谱分析是揭示动力系统非线性特性的另一常用手段。首先分析自由振动响应的功率谱密度(PSD)。如图 8.6 所示,对于无损伤工况 Ud,其 PSD 曲线只有一个峰值,位于其固有(主)频率处,而对于三个损伤工况,除了主频率处有峰值外,还在主频率的整数倍频率处出现了超谐波,如 $2\omega_1$、$3\omega_1$ 等频率处,其中 ω_1 表示主频率。

除此之外,对于三种损伤工况,其 PSD 曲线中还出现了直流分量(DC)。这一现象可以用双线性系统的非对称性进行解释。如图 8.3 所示,损伤工况的自由振动响应正负位移是不对称的,即振动响应时程的均值不为 0,此时 PSD 中会出现直流分量,这一特性将在后续专门进行讨论。

图 8.6 也呈现出一些特定趋势,如损伤程度越大,固有(主)频率越低,主频率处的功率

也越低,而高阶频率处的功率相应地越高。在过去的研究中,这一特性常被用来做损伤识别判据[3,13,14,19]。与以往的研究有所不同,这里将用 PSD 来探讨自由振动响应瞬时特征参数 IA 和 MF 的调制特性。

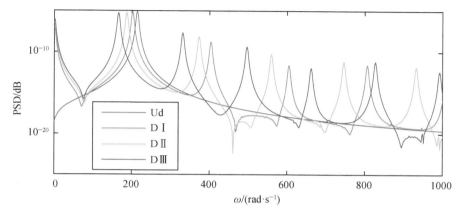

图 8.6 自由振动响应的 PSD

将损伤工况下振荡的瞬时特征参数 IA 和 MF 作为新的信号进行功率谱分析,结果如图 8.7 所示,并与自由振动响应信号 $x(t)$ 的 PSD 进行对比。由此可以发现一个很有趣的现象:IA 和 MF 与自由振动信号具有相同的频率成分。为了更好地理解这一现象,作简单的公式推导。

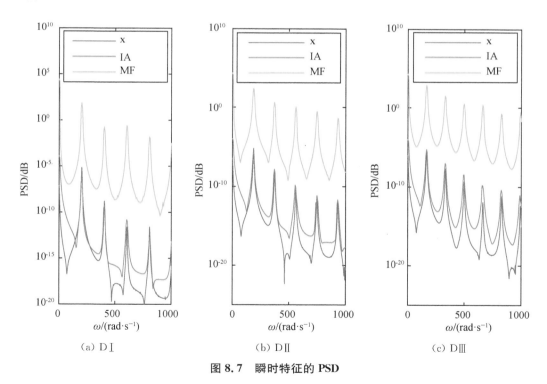

图 8.7 瞬时特征的 PSD

根据图 8.6 所示 PSD 结果,可以将系统的自由振动响应写成一个由多个简谐分量合成

的信号:

$$x(t) = a + \sum_{i=1}^{k} A_i \cos\omega_i t, \quad \omega_i = i \times \omega_1 \tag{8.25}$$

其中 A_i 和 ω_i 是 i 个分量的瞬时振幅和瞬时频率; a 是信号 $x(t)$ 的直流分量 DC,一般为一常数或慢变趋势。

假定信号中的 DC 分量可以通过平均化而消除,且高次谐波较弱,则可将式(8.25)简化为只包含两个简谐分量的情况:

$$x(t) = x_1(t) + x_2(t) = A_1 \cos\omega_1 t + A_2 \cos\omega_2 t \tag{8.26}$$

其中 $A_1 \neq A_2$ 且 $\omega_2 = 2\omega_1$。 根据式(8.4)和式(8.6), $x(t)$ 的瞬时振幅 IA 和瞬时频率 IF 可以写为:

$$A(t) = \sqrt{A_1^2 + A_2^2 + 2A_1 A_2 \cos(\omega_2 - \omega_1)t} = \sqrt{A_1^2 + A_2^2 + 2A_1 A_2 \cos\omega_1 t}$$

$$\omega(t) = \omega_1 + \frac{(\omega_2 - \omega_1)[A_2^2 + A_1 A_2 \cos(\omega_2 - \omega_1)t]}{A^2(t)} = \omega_1 + \frac{\omega_1[A_2^2 + A_1 A_2 \cos\omega_1 t]}{A^2(t)}$$

$$\tag{8.27}$$

由这一结果可以看出,IA 和 IF 中的快速振荡是由振动响应 $x(t)$ 中的高次谐波成分 ω_2 所导致的。IA 和 IF 的振荡频率为 $\omega_2 - \omega_1$。 因此,当自由振动响应信号的高次谐波具有频率 $2\omega_1$, $3\omega_1$, $\cdots$, $n\omega_1$ 时,IA 和 IF 将包含频率为 ω_1, $2\omega_1$, $\cdots$, $(n-1)\omega_1$ 的简谐成分。这就不难理解为何图 8.7 所示结果中 MF 和 IA 的调制频率与自由振动响应 $x(t)$ 的频率成分一致了。

Pai[10] 等人也做了相似的研究,他们探讨了不同非线性系统(如二次非线性、三次非线性和高阶非线性)的调幅和调相特性,并利用这些特性来识别系统的非线性类型。与之研究思路不同,这里探讨的是非线性调制特性与损伤程度之间的关系,目的是寻求损伤检测的敏感性指标。

观察图 8.7 可以发现许多有用的信息,如 IA 和 MF 中调制谐波的功率(这里称为调制功率)会随着损伤程度的变化而变化。这与图 8.4 所示结果一致,IA 和 MF 的振动幅度有同样的趋势,因为振动幅值反映的就是功率。因此,可以考虑利用 IA 和 MF 的调制功率来指示损伤的程度。

除此之外,IA 和 MF 的直流分量 DC 不可忽视,它反映的是系统的线性(基础)特性。当系统是线性时,IA 和 MF 中没有任何振荡(如图 8.2 所示),因此其 PSD 只有 DC 成分。基于此,用调制功率和直流分量的功率比来定义一个损伤检测指标,记为 PR(Power Ratio):

$$PR = \frac{\sum_{i}^{n} P_{harmonic,i}}{P_{DC}} \tag{8.28}$$

这里 $P_{harmonic,i}$ 为 IA 和 MF 中第 i 个调制分量的 PSD 值; P_{DC} 为 DC 功率。图 8.8 所示为不同损伤程度下 IA 和 MF 的 PR 指标值。PR 值随着损伤程度的增大而增加,并与无量纲裂纹深度 s 成 6 次多项式的关系,与刚度系数比 α 成 4 次多项式关系。IA 和 MF 的 PR 指标

仅当 $s > 0.4(\alpha < 0.94)$ 时才会有明显的数值变化,因此其对损伤的敏感性要低于 MVR,但对于已经定位的损伤它仍然能够指示其损伤的相对程度。

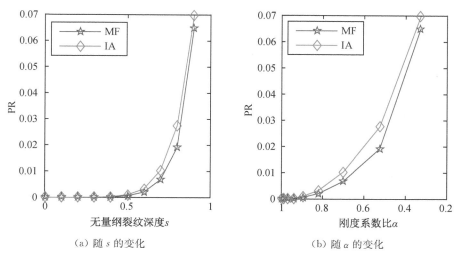

(a) 随 s 的变化 (b) 随 α 的变化

图 8.8 MF 和 IA 的 PR 指标随损伤程度的变化

8.3.4 脊骨线特性

以频率为横轴,振幅为纵轴,将瞬时特征参数 MF 和 IA 进行关联,即可绘制系统的脊骨线。脊骨线对于非线性系统的分析非常有帮助。但是由希尔伯特变换估计的 IA 和 MF 并不是光滑曲线,因此也就很难直接绘制出光滑的脊骨线,此时需要采用一平均化或滤波手段对 IA 和 MF 进行光滑化。

如果将图 8.4 中振荡的 IA 和 MF 视为多个简谐分量的信号,如公式(8.25)所示,由于高次谐波的频率是主频率的整数倍,那么合成信号的周期即为其主成分的周期,即 $T = 2\pi/\omega_1$。鉴于此,IA 和 MF 可以按照以下流程进行光滑化,称为半周期平均化过程。

第一步:将 IA 和 MF 进行半周期分段,即从正的最大值到邻近的负的最大值或从负的最大值到紧接着的正的最大值,如图 8.9 所示。每一个信号段的时长为半个周期,即 $T/2$。

第二步:利用以下公式计算每一个 IA 和 MF 信号段的均值,其中下标 i 表示第 i 个信号段。

$$\overline{A}_i = \frac{2}{T}\int_{t_i}^{t_i+T/2} A(t)\,\mathrm{d}t$$

$$\overline{\omega}_{0,i} = \frac{2}{T}\int_{t_i}^{t_i+T/2} \omega_0(t)\,\mathrm{d}t \tag{8.29}$$

第三步:将各均值按照时间顺序进行排列,$\overline{A} = \{\overline{A}_1 \quad \overline{A}_2 \quad \cdots \quad \overline{A}_k\}$,$\overline{\omega}_0 = \{\overline{\omega}_{0,1} \quad \overline{\omega}_{0,2} \quad \cdots \quad \overline{\omega}_{0,k}\}$,其中下标 k 表示信号段的数目。

第四步:对 $\overline{A} = \{\overline{A}_1 \quad \overline{A}_2 \quad \cdots \quad \overline{A}_k\}$ 和 $\overline{\omega}_0 = \{\overline{\omega}_{0,1} \quad \overline{\omega}_{0,2} \quad \cdots \quad \overline{\omega}_{0,k}\}$ 随时间的变换进行多项式拟合,即可得到光滑的 IA 和 MF,光滑化处理后的曲线只反映 IA 和 MF 的慢变成分。

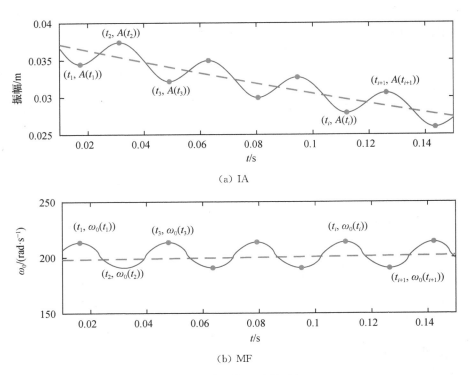

(a) IA

(b) MF

图 8.9　半周期平均化过程

　　光滑化处理后的 IA 和 MF 曲线如图 8.4 各虚线所示。从图中可以看出,裂纹损伤会引起 IA 和 MF 的显著变化,损伤越严重,光滑化后的 IA 和 MF 曲线位置越低。

　　利用光滑化后的 IA 和 MF 可以直接绘制出各工况下的脊骨线,如图 8.10 所示。损伤结构的脊骨线反映出软化弹簧特性,这是非线性系统的一种典型特征,随着损伤程度的加重,这一特征也越显著。这与文献[25]中给出的双线性系统的摄动解一致。

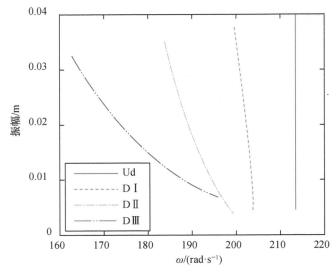

图 8.10　脊骨线

根据非线性系统的摄动解[25]，MF 可以写成振幅的函数：

$$\omega_0 = \omega_1 + \varepsilon_1 A + \varepsilon_2 A^2 + \cdots \tag{8.30}$$

其中 ω_1 为主频率；$\varepsilon_1, \varepsilon_2 \cdots$ 为高阶项的系数。

对于线性系统，其模态频率不会随着振幅发生变化，即 $\omega_0 = \omega_1$。 这就是为什么无损伤工况 Ud 的脊骨线是一条竖直的线。随着损伤程度的加剧，系统的非线性变强，那么由式 (8.30)所定义的脊骨线的阶次也会随之变高。如图 8.10 所示，对于损伤工况 DⅠ($\alpha = 0.8$)，其脊骨线呈倾斜的直线，当 α 继续减小至 0.6 和 0.4(DⅡ 和 DⅢ)时，脊骨线呈现三次方曲线。由此可知损伤程度越高，脊骨线的弯曲度和倾斜度就越高。

为了简单起见，对脊骨线进行多项式拟合，并用一次项和三次项的系数作为指标来量化损伤程度对脊骨线的影响，结果如图 8.11 所示。从图中可以看出，一次项和三次项的系数均为负数，这对于软化弹簧系统来说是合理的。随着裂纹深度的增加，系数的绝对值均变大，并与损伤程度成四次多项式关系。因此脊骨线也可以作为一个实用的特征参数来检测裂纹损伤的发生及其相对损伤程度。

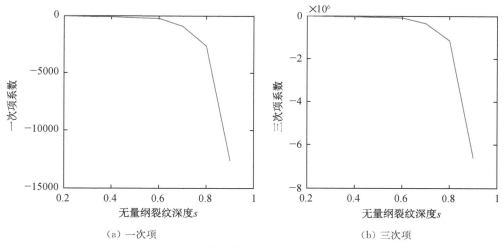

（a）一次项　　　　　　　　　　　　　（b）三次项

图 8.11　脊骨线的系数与损伤程度的关系

本节中所介绍的三种损伤指标主要依据结构自由振动响应中所呈现出的非线性畸变，例如 IA 和 MF 中的调制现象和软化弹簧特性。然而这些非线性特性并不是双线性系统所特有的，如有些可以用达芬系统来描述的损伤类型，其脊骨线也会呈现出软化弹簧特性[10]。因此任何单一的指标不能作为识别某一特定损伤类型的充分条件，这就需要多指标协同使用。

除此之外，以上各种非线性特征虽然不能给出损伤程度的绝对识别结果，但可以指示损伤的相对程度，因此在结构健康监测系统里，可考虑被用作损伤的快速诊断和预警。

8.4　双线性系统非对称刚度识别与损伤程度估计

与所有非线性特性相比，描述裂纹损伤的双线性系统所体现出的非对称性会更加显著。

自由振动响应中所体现出的非对称性在上一节中已经有所展示,引起振动响应不对称的主要原因是系统的非对称回复力。如式(8.20)所示,在正向和负向位移时,回复力会有不同的表达式,从而引起两个方向的振幅、频率均有所不同。

本节将利用 8.2.2 节中介绍的 Feldman 的"FREEVIB"方法[21],识别双线性系统的回复力,从而估计损伤程度。主要改进之处在于,通过直接搜索各瞬时参数的几何峰值和谷值来估计非对称的瞬时参数,从而避免常用的滤波或光滑化方法所造成的非线性信息的损失。

为了验证方法的实用性和鲁棒性,对测量噪声、自由振动测试初始条件和初始非线性的敏感性也进行了详细探讨。

8.4.1 基于非对称刚度估计的损伤程度识别

作为展示,图 8.12 对工况 DI 的自由振动响应信号和已识别的瞬时特征参数进行了直观的对比。在每一个振动周期中,当振动位移达到正的最大值时,IA 也达到波峰值,而 MF 取得波谷值;相反,当位移达到负的最大值时,IA 达到波谷,MF 达到波峰。

如果将瞬时特征参数的峰值和谷值分别进行关联,可以得到两条骨架曲线,如图 8.13(a)所示,而上一节中所绘制的脊骨线位于这两条骨架线之间。通过三条曲线的趋势,不难理解为何损伤结构的脊骨线呈现软化弹簧特性。

如果将 IA 的峰值相连绘制一条光滑曲线,并将其叠加到自由振动信号图中,如图 8.12(a)所示,它正好是振动信号的正包络。同样将 IA 的谷值相连,并以 t 轴做镜像,可以发现,它正是自由振动信号的负包络。非对称的正负包络正反映了双线性系统在两个方向运动的不同,这里我们用其来识别系统的回复力。具体过程如下。

第一步:寻找自由振动响应 IA 和 MF 曲线的所有波谷和波峰;

第二步:将 IA 和 MF 的峰值记为 A_i^+ 和 $\omega_{0,i}^+$,谷值记为 A_i^- 和 $\omega_{0,i}^-$,并按时间顺序整理成序列 $x^+ = \{A_1^+ \quad A_2^+ \quad \cdots \quad A_n^+\}$,$x^- = \{A_1^- \quad A_2^- \quad \cdots \quad A_m^-\}$,$\omega_0^+ = \{\omega_{0,1}^+ \quad \omega_{0,2}^+ \quad \cdots \quad \omega_{0,k}^+\}$ 和 $\omega_0^- = \{\omega_{0,1}^- \quad \omega_{0,2}^- \quad \cdots \quad \omega_{0,l}^-\}$,其中 n, m, k, l 是相应峰值和谷值的数目;

第三步:将 IA 和 MF 的峰值点之间建立联系,如本例中每个 A_i^+ 对应 MF 的相应谷值 $\omega_{0,i}^-$,每个 A_i^+ 对应 MF 的峰值 $\omega_{0,i}^+$;

第四步:对于每一个 $x = A_i^+$ 和 $x = -A_i^-$ 都满足公式(8.20),由此计算每个峰值和谷值点对应的回复力值:

$$K(x) = \begin{cases} K(-A_i^-) = -\omega_0^2(A_i^-)A_i^- = -(\omega_{0,i}^+)^2 A_i^-, & x = -A_i^- \\ K(A_i^+) = \omega_0^2(A_i^+)A_i^+ = (\omega_{0,i}^-)^2 A_i^+, & x = A_i^+ \end{cases} \tag{8.31}$$

其中 $\omega_0(A_i^+)$ 和 $\omega_0(A_i^-)$ 是 A_i^+ 和 A_i^- 相对应的 MF 数值,在这里恰好为 $\omega_{0,i}^+$ 和 $\omega_{0,i}^-$;

第五步:利用多项式拟合识别非对称的回复力 $K(-A_i^-)$ 和 $K(A_i^+)$。

双线性系统的回复力曲线包含两条斜率不同的直线,因此两部分的刚度系数均可直接识别出,而反映损伤程度的刚度系数比也可以由两部分的刚度系数直接求得。

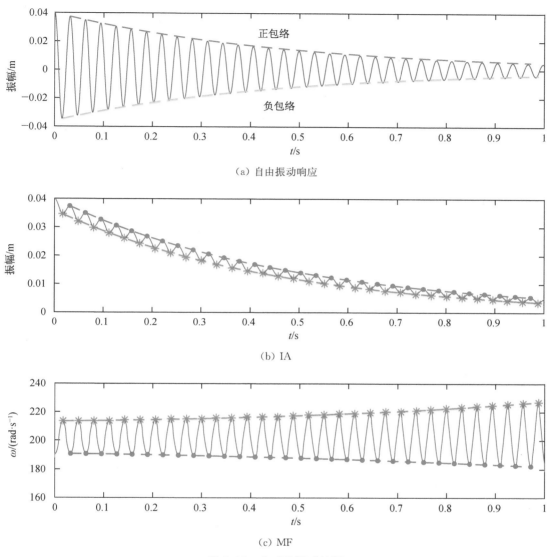

（a）自由振动响应

（b）IA

（c）MF

图 8.12　非对称瞬时特征

三个损伤工况下系统的非对称回复力如图 8.13 至图 8.15 所示，可以看出对于负向位移，回复力线与无损伤情况吻合较好，这与假定情况一致。微小的误差考虑来源于希尔伯特变换的 Gribbs 问题（端点效应），虽然已经通过信号镜像、尾部截断等方法进行了处理，但很难完全消除误差。

刚度系数比的识别结果如图 8.16 所示，从图中可以看出三个损伤工况的损伤程度识别结果均很好。值得注意的是，在以上识别过程中，快速振荡的 IA 和 MF 并没有采用任何滤波或光滑化方法进行处理，只是通过寻找了其几何上的峰值和谷值作为采样点识别回复力，因此该过程保留了信号中所含有的非线性信息。

为了进一步明确该方法的性能，定义相对估计误差来衡量识别的准确性以及辨识损伤是否发生。

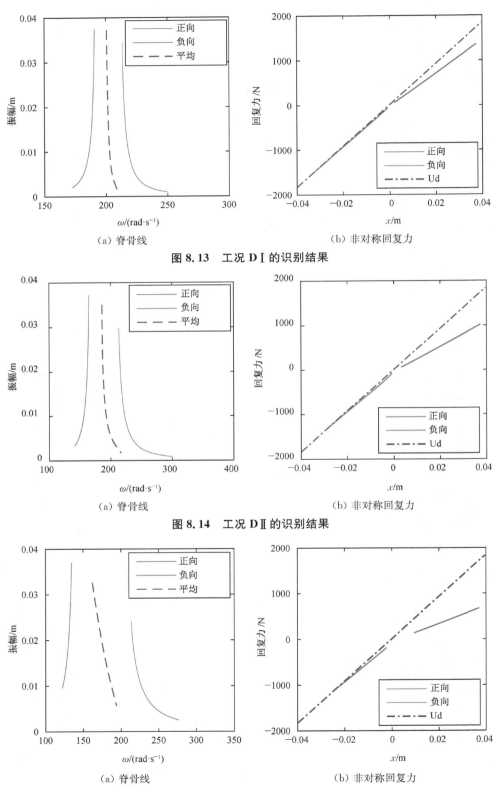

（a）脊骨线　　　　　　　　（b）非对称回复力

图 8.13　工况 D Ⅰ 的识别结果

（a）脊骨线　　　　　　　　（b）非对称回复力

图 8.14　工况 D Ⅱ 的识别结果

（a）脊骨线　　　　　　　　（b）非对称回复力

图 8.15　工况 D Ⅲ 的识别结果

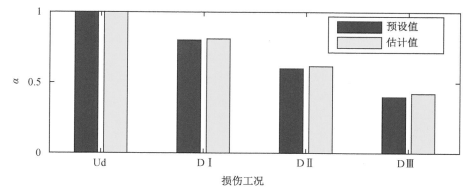

图 8.16 刚度系数比识别结果

$$e = |\alpha - \hat{\alpha}| - (1-\alpha) \tag{8.32}$$

其中 α 表示预设的刚度系数比,而 $\hat{\alpha}$ 表示识别的刚度系数比。如果 $e \geqslant 0$,则该结果无法辨识 α 的降低是因损伤引起的还是估计误差造成的。所以,该相对估计误差 e 可以作为辨识损伤的一个指标。

从图 8.17 所示结果可以看出,所有的相对估计误差均为负值,然而,当 $s < 0.3(\alpha > 0.97)$ 时,e 非常接近于 0,此时难以断定损伤是否发生。

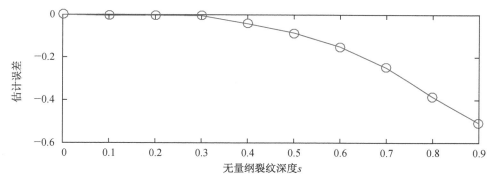

图 8.17 相对估计误差随损伤程度的变化

8.4.2 影响因素探讨

本小结将通过数值算例探讨振动测试初始条件、测量噪声和结构的初始非线性对非对称刚度估计和损伤识别的影响。

(1)振动测试的初始条件

回复力的识别主要依据自由振动响应的瞬时特征参数,如 IA 和 MF。正如图 8.4 所示,IA 和 MF 的调制幅值与自由振动信号的幅值有关,而自由振动的幅值与初始条件有关,因此有必要探讨振动的初始条件对识别结果的影响。

将初始位移 x_0 在 0.02 m 到 0.08 m 之间设置多个工况,同样采用四阶龙格-库塔方法对各工况下的自由振动响应进行求解。然后利用希尔伯特变换识别各个工况下自由振动响应的瞬时特征。根据 8.4.1 中所示的过程来识别系统的回复力及其对应的刚度系数比。

如图 8.18 所示,识别结果非常稳定,这说明该方法对振动测试的初始条件并不敏感。之所以有如此可靠的性能,可能有两点原因:一是系统的自由振动永远满足其运动方程,虽然振动响应呈现出非线性特征,但其回复力在正负位移两个区域内均为线性,因此识别得到的两段回复力也是线性的,不应该受到初始条件的影响;二是所用的方法本身没有采用任何滤波方法来处理信号及其 IA 和 MF,因此反映系统固有特性的信息得到了最大程度的保留。

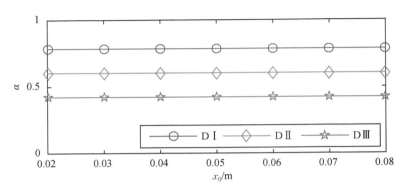

图 8.18　振动测试初始条件对刚度系数比识别的影响

（2）测量噪声

噪声鲁棒性是衡量一个损伤识别方法实用性的重要性指标。以往的研究显示,希尔伯特变换对于信号中所添加的噪声非常敏感,会严重影响瞬时特征的识别结果[21]。本部分考虑采用 5.3.3 节中所介绍的解析模式分解法来解决这一问题,随后探讨基于非对称刚度估计的损伤识别方法的鲁棒性。

振动响应信号中噪声的添加方式按 7.4.4 节中所述进行。以工况 DI 为例,含 10% 噪声的自由振动响应信号如图 8.19 所示。加速度响应信号直接用含噪声的位移信号进行微分获得。

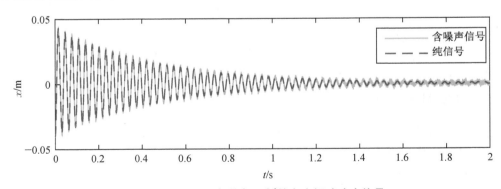

图 8.19　工况 DI 含噪声 10% 的自由振动响应信号

当直接采用希尔伯特变换对含噪声信号进行分析时,如图 8.20 所示,很难用来开展进一步的回复力识别,因此需要借助滤波方法对含噪声信号进行处理。而解析模式分解,除了能将信号分解成多个单一频率的信号外,实际上其本身就具有低通滤波的作用。在采用解析模式分解法对含噪声信号进行预处理时,截断频率的选择非常关键,频率太小则信号中的超谐波会被过滤掉,频率太大则消噪效果就会差。以工况 DI 为例,滤波过程介绍如下。

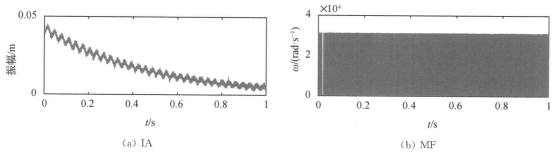

（a）IA   （b）MF

图 8.20   直接用含噪声信号识别的瞬时特征参数

以图 8.6 和图 8.7 所示 PSD 曲线为参考，选择多个截断频率进行对比分析，分别为 300 rad/s、500 rad/s、700 rad/s 和 850 rad/s。截断频率为 300 rad/s 指的是处理后的信号只包含主频率，高次谐波被全部滤除；截断频率为 500 rad/s 指的是前两阶频率会被保留；同样地，截断频率为 700 rad/s 和 850 rad/s 分别意味着滤波后的信号包含前三阶和前四阶频率。

处理后的信号如图 8.21 所示，其中"F1""F2""F3"和"F4"分别对应利用以上四个不同的截断频率开展滤波后信号的情况。总体来看，处理后的信号均很光滑，说明消噪效果总体不错。

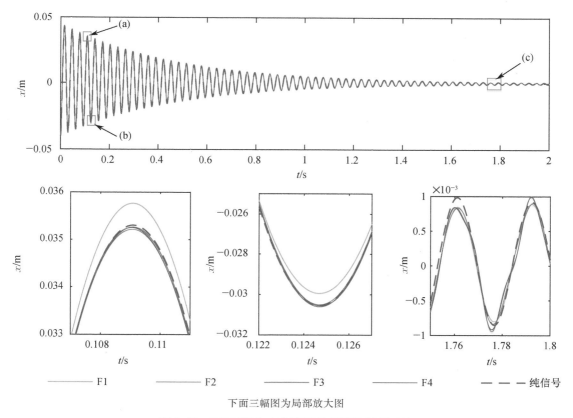

下面三幅图为局部放大图

图 8.21   D I 工况含 10%噪声信号滤波效果对比

为了更好地对比滤波效果,采用相干函数[10]来衡量处理后信号和无噪声信号之间的吻合度。如图 8.22(a)所示,在滤波前,含噪声信号和无噪声信号之间的相干性非常低,而滤波后信号间的相干函数值均接近于 1,这再次说明所采用的解析模式分解法具有很好的消噪效果。

对比四种截断频率情况下的相干函数曲线,可以发现"F2"结果最优,这说明截断频率取 500 rad/s 最好。另外通过试算也发现,当截断频率取得更高时,相干函数值反而降低。

利用"F2"滤波后对信号进行希尔伯特变换,识别瞬时特征参数,然后估计其非对称回复力。如图 8.23 和图 8.24 所示,识别结果与用无噪声信号所识别的结果吻合度极高,非对称刚度识别结果分别为 $k_1 = 2\,738$,$\alpha = 0.78$。

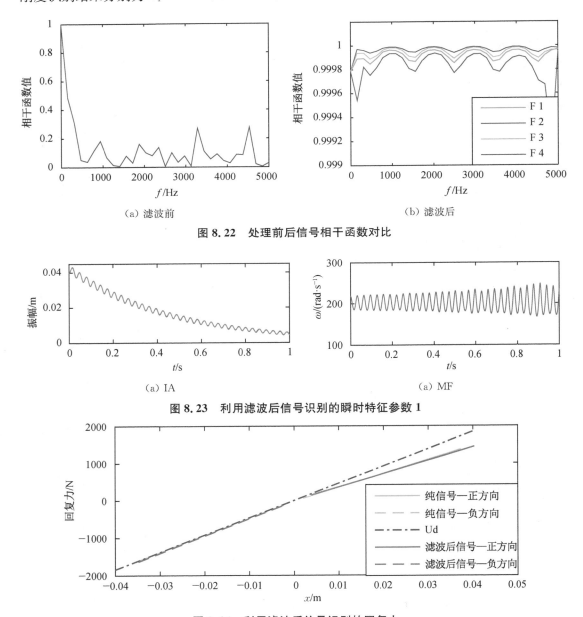

(a) 滤波前   (b) 滤波后

图 8.22　处理前后信号相干函数对比

(a) IA   (a) MF

图 8.23　利用滤波后信号识别的瞬时特征参数 1

图 8.24　利用滤波后信号识别的回复力

为了获得具有统计意义的结果,对水平为 10% 的噪声信号开展 100 次蒙特卡罗模拟。四种损伤工况下,100 次识别结果的均值如图 8.25 所示。通过与预设值相比,可以发现所识别的刚度系数比准确度很高。这说明借助于解析模式分解法,所研究的非对称刚度识别方法具有较强的噪声鲁棒性。

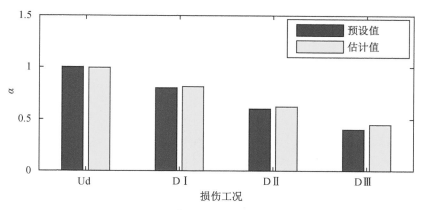

图 8.25   含 10% 噪声下刚度系数比识别结果

当噪声水平从 0 变化到 40%,每种噪声水平下仍然采用 100 次蒙特卡罗模拟的统计结果进行对比。刚度系数比 α 的均值和标准差如图 8.26 所示。从图中可以看出 α 识别结果的均值在不同噪声水平下均能取得稳定值,但标准差会随着噪声水平的提高而有所增大。因此,在实际应用中,多次采样并将识别结果进行平均,从而能够提高识别结果的可信度。

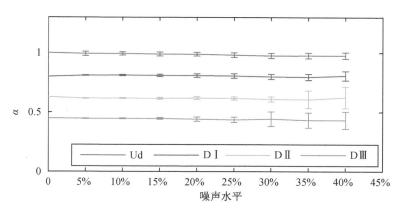

图 8.26   不同噪声水平下刚度系数比识别结果的均值和标准差

（3）结构初始非线性

在上述研究中,假定结构的初始状态是线性的,而裂纹损伤会引起双线性刚度。因此,振动响应中的任何非线性行为可以考虑是由裂纹引起的。事实上,初始结构可能是非线性的,这可能会影响损伤识别结果的可信度。

为了明确结构初始非线性对损伤识别结果的影响,这里开展相关的数值探讨。假定含裂纹结构的初始状态含有几何非线性,采用三次方刚度来模拟[19]。此时结构的自由振动方程可写为：

$$m\ddot{x} + c\dot{x} + kx + k_c x^3 = 0 \tag{8.33}$$

其中 $k = \begin{cases} k_1, & x < 0 \\ \alpha k_1, & x \geqslant 0 \end{cases}$; $k_c = \begin{cases} k_{c1}, & x < 0 \\ k_{c2}, & x \geqslant 0 \end{cases}$。为简单起见,将其写成归一化方程:

$$\ddot{x} + 2h\dot{x} + \omega_0^2 x = 0 \tag{8.34}$$

此时归一化的回复力 $K(x)$ 可写为:

$$K(x) = \omega_0^2(t)x = \begin{cases} \dfrac{k_1}{m}x + \dfrac{k_{c1}}{m}x^3 = \omega_n^2(t)x & x < 0 \\ \alpha \dfrac{k_1}{m}x + \dfrac{k_{c2}}{m}x^3 = \omega_p^2(t)x & x \geqslant 0 \end{cases} \tag{8.35}$$

如果可以准确地识别出分段化的非线性回复力,那么刚度系数比也就不难获得。

为了简化,将三次方刚度的系数假定为 $k_c = k_{c1} = k_{c2} = \beta k_1$。其中 β 为三次方刚度系数与线性刚度系数的比。在以下研究中,β 从 0.1 到 500 取不同的数值来进行分析。系统的其他参数同上述研究。将初始条件设为:$x_0 = 0.04$ m 和 $\dot{x}_0 = 0$,求解方程(8.33)可以得到系统的自由振动响应,然后利用希尔伯特变换识别瞬时特征参数,继而识别系统的非线性回复力。

当 β 取值为 0.1,1.0,10 和 100 四种情况时,回复力的识别结果如图 8.27 所示。通过观察不难发现,当位移为负值时,各工况回复力的识别结果均一致,这足以证明识别结果的可信性。

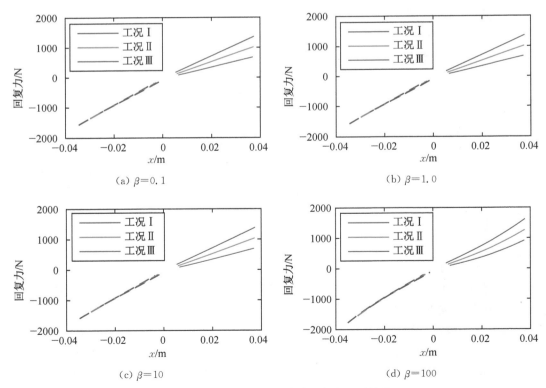

图 8.27　考虑初始非线性的回复力识别结果

根据回复力识别结果计算非对称刚度系数比 α，结果如图 8.28 所示。当初始非线性较弱时（如 $\beta < 100$），估计结果与预设值较一致，并且结果较稳定；当初始非线性很强时（如 $\beta > 500$），双线性刚度将不能被识别，但三次方刚度可以得到准确识别（这超出了本部分探讨的范畴，不多做讨论）。这一结果说明，该研究所采用的回复力识别方法不仅限于双线性系统，对于任意线性或非线性单自由度系统均适用。我们可以根据回复力的识别结果来辨识系统的非线性类型，估计系统刚度以及检测损伤。

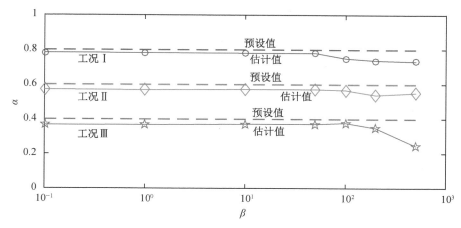

图 8.28　考虑初始非线性的双线性刚度系数比识别结果

8.5　结构损伤识别实验算例

本节将利用第 5 章所示实验模型对损伤结构的非线性瞬时特征及其损伤识别方法进行研究。结构的物理参数不变，但在测试时，损伤的模拟发生了变化。在本研究中，损伤是通过移除法兰中一个或两个螺栓来模拟的，这种损伤与裂纹相似，会引起双线性刚度。实验中共开展了三个工况的振动测试，包含一个无损伤工况和两个有损伤工况。

同样采用锤击法获得结构的自由振动响应，在研究中只分析结构顶部加速度传感器所采集到的响应信号。测试工况如图 8.29 所示。

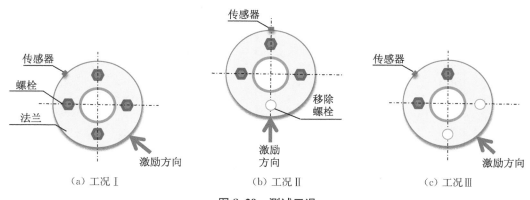

图 8.29　测试工况

8.5.1 信号处理

如图 8.30(a～c)所示为三种测试工况下的自由振动加速度响应信号,采样频率为 500 Hz。其 PSD 曲线如图 8.31(a)所示,可以看出每个信号均包含多个模态信息。为了使其适用于本章所研究的方法,采用解析模式分解法对其进行预处理,截断频率取为 120 rad/s,使处理后信号只包含一阶模态的信息,如图 8.30(d～f)所示,由于解析模式分解法具有消噪的功能,所有处理后信号均很光滑。

滤波后信号的 PSD 曲线如图 8.31(b)所示,与裂纹梁数值模型的相关结果较相似。无损伤工况的 PSD 曲线只包含一个峰值,位于固有频率(主频率)$\omega_n = 32$ rad/s 处;一旦出现损伤,在主频率的整数倍频率处($2\omega_0$,$3\omega_0$,…)出现了超谐波,这里 ω_0 为主频率。尤其对于工况Ⅲ,其主频率明显低于工况Ⅰ和工况Ⅱ的主频率,而超谐波的功率明显变高。这一现象说明,螺栓连接的松动会产生同裂纹相似的非线性行为。

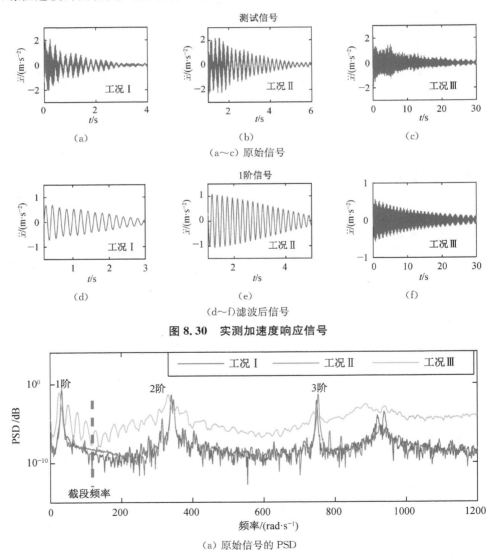

图 8.30 实测加速度响应信号

(a) 原始信号的 PSD

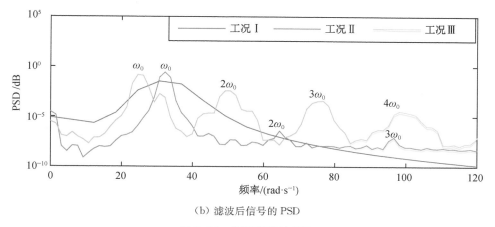

（b）滤波后信号的 PSD

图 8.31 实测信号的 PSD

结构振动的位移和速度信号是通过实测的加速度信号积分获得，每一步积分后需要进行去趋势处理，结果如图 8.32 所示。

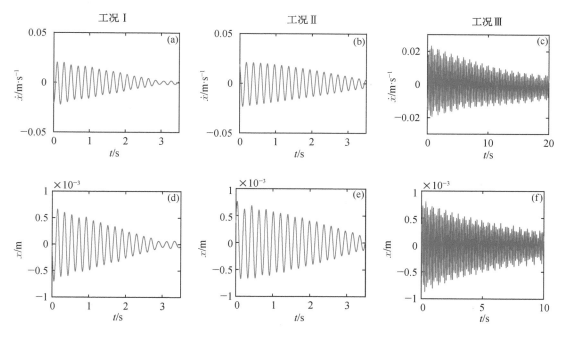

图 8.32 积分后的位移信号和速度信号

8.5.2 非线性瞬时特征及损伤诊断

利用希尔伯特变换识别振动响应的瞬时特征参数，如图 8.33 所示，工况 II 和工况 III 的瞬时振幅 IA 和模态频率 MF 均出现了快速振荡，这意味着振动的非线性畸变。然而，无损伤工况 I 的瞬时特征参数既不光滑也不像工况 II 和 III 那样出现有规律的振荡。推测微小的波动是由一些不确定性因素导致的，如测量噪声、初始非线性、希尔伯特变换的 Gribbs 问题等。

用指标 MVR 来衡量 IA 和 MF 的振荡幅度,结果如图 8.34 所示。随着损伤程度的增加,MVR 指标值显著增加。另外,通过对比可以发现,IA 的 MVR 指标要比 MF 的 MVR 指标对损伤更敏感。

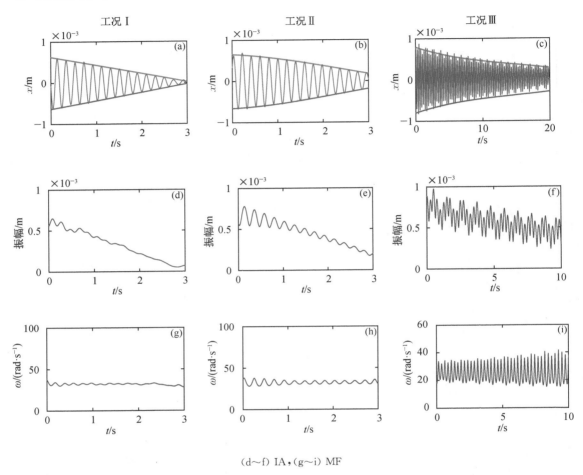

(d~f) IA,(g~i) MF

图 8.33　三种工况下振动响应的瞬时特征参数

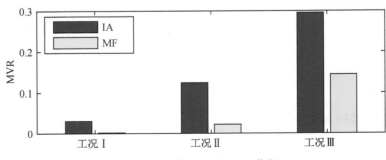

图 8.34　三种工况下 MVR 指标

将各工况下的 IA 和 MF 作为新的信号进行分析,首先计算其 PSD,如图 8.35 所示,与图 8.7 相似,两个损伤工况的 IA 和 MF 均有明显的调制现象。根据公式(8.28)计算调制功率与直流功率的比 PR,结果如图 8.36 所示。从图中可以看出,PR 指标对损伤极其敏感,尤其是 IA 的 PR 指标,其数值能够反映损伤程度的相对大小。

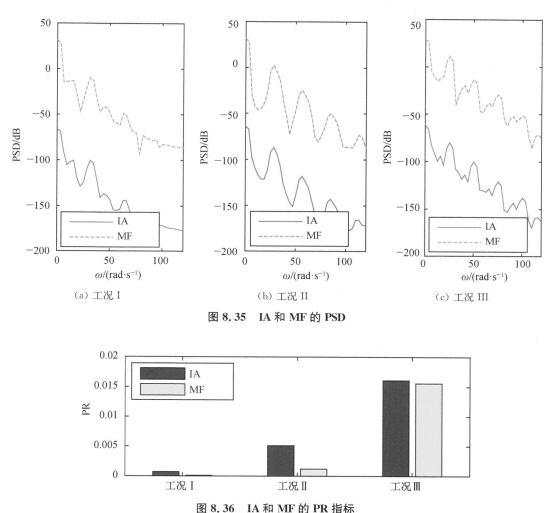

图 8.35　IA 和 MF 的 PSD

图 8.36　IA 和 MF 的 PR 指标

利用半周期平均化过程绘制三种测量工况的脊骨线,如图 8.37 所示。对于损伤工况 II 和工况 III,其脊骨线呈现出典型的软化弹簧特性,而无损伤工况 I 的脊骨线是一条竖直线,这说明结构在损伤前基本上是线性的。工况 II 的脊骨线开始倾斜,工况 III 的脊骨线近似于三次方曲线。

对各工况的脊骨线进行多项式拟合。同数值算例,将拟合后的一次项和三次项系数作为指标来定量分析损伤对脊骨线的影响。如图 8.37(b～c)所示,一次项和三次项的系数均为负数,随着损伤程度的增加其绝对值增大。

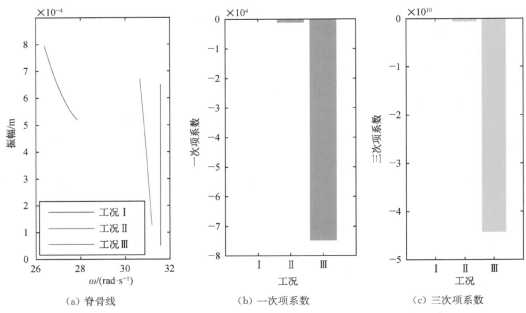

（a）脊骨线 （b）一次项系数 （c）三次项系数

图 8.37　三个测试工况的脊骨线

8.5.3　非对称刚度识别与损伤估计

利用 8.4.1 节中介绍的方法对 IA 和 MF 曲线的峰值和谷值进行采样、分类,从而绘制振动响应的正、负两条包络线,如图 8.33 所示,然后利用这些峰值和谷值计算各工况下结构的回复力,计算结果如图 8.38 所示。

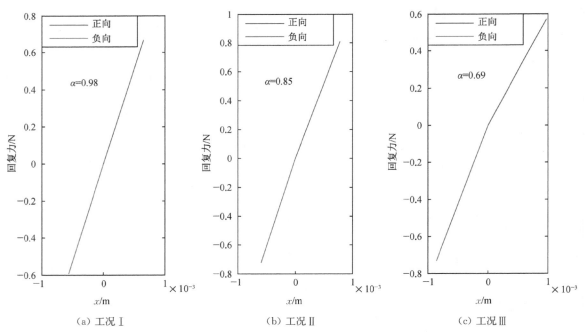

（a）工况 Ⅰ 　　　（b）工况 Ⅱ 　　　（c）工况 Ⅲ

图 8.38　非对称回复力识别结果

由此可以看出,工况Ⅰ的回复力基本为一条直线,说明此时结构为线性,其刚度系数比 α 识别结果为 0.98,接近于 1。工况Ⅱ和工况Ⅲ的回复力均为两条直线段,其非对称刚度系数比分别估计为 $\alpha=0.85$ 和 $\alpha=0.69$。

8.6 本章小结

常见的损伤形式,如裂纹、螺栓松动等,通常会使得结构的振动响应呈现出双线性行为,为了探索更多的实用方法来识别该类"双线性"损伤,本章通过数值模拟和实验算例分析了自由振动响应中的非线性和非对称特性。

采用经典的希尔伯特变换来识别自由振动的瞬时特征。这些瞬时特征参数呈现出了很多有趣的非线性特性,如谐波畸变、振幅/频率的调制和软化弹簧特性。基于 IA 和 MF 的振荡幅度和调制功率,构建了两个新的损伤指标:MVR 和 PR。数值研究显示,这两个指标均可以识别结构的损伤,并能指示损伤程度的相对大小。脊骨线形状的变化同样可以被用来作为损伤识别的特征指标。值得一提的是,这里提出了一个简单实用的脊骨线绘制方法——半周期平均化过程。数值研究发现,如果对绘制的脊骨线进行多项式拟合,一次项和三次项的系数可以作为衡量损伤程度相对大小的指标。

本章还介绍了 Feldman 提出的"FREEVIB"方法,并利用该方法对双线性系统的回复力进行了识别。主要改进之处在于,通过直接搜索各瞬时参数的几何峰值和谷值来估计非对称的瞬时参数,从而避免了常用的滤波或光滑化方法所造成的非线性信息的损失。利用所识别的非对称回复力可以继而识别双线性系统刚度系数比,从而直接估计损伤程度。

为了验证方法的实用性,对第 5 章介绍的悬臂钢梁开展了振动测试。通过部分拆除螺栓来模拟"双线性"损伤。利用锤击获取结构的自由振动响应信号。采用解析模式分解法对实测信号进行了预处理,使其只保留一阶模态信息。利用希尔伯特变换识别了各工况下自由振动响应的瞬时特性。分析结果显示,螺栓松动确实会导致同裂纹损伤相似的非线性行为。利用所构建的三个指标可以准确地识别损伤,且能指示损伤程度的相对大小。回复力和刚度系数比的识别结果具有较强的可信性。

当然,这里仍然有许多值得注意的地方。第一,这里构建的损伤指标和回复力识别方法均是基于单自由度系统。存在的基本假定是其结构主要以一阶模态振动,而结构的刚度会随着裂缝的开、合发生改变。在实际结构中,其自由振动响应信号可能包含多阶模态信息,所以需要预先对实测响应信号进行滤波或分解,使其只保留一阶模态(或某一阶模态)。第二,同样是受限于单自由度系统,本章所介绍的方法无法辨识多损伤的情况,以及损伤定位。要解决这一问题,需要开展基于多自由度模型的损伤识别方法的研究。第三,本章所设计的损伤仅限于"双线性"类型的损伤,即损伤的发生会导致双线性行为。第四,也是最重要的,非线性畸变、调制以及刚度软化不是双线性系统所特有的性质,因此任一损伤指标很难断定损伤类型即为裂纹或螺栓松动,这需要多特征、多指标融合,从而提高损伤诊断的可信度。

参考文献

[1] FARRAR C R, WORDEN K, TODD M D, et al. Nonlinear system identification for damage detection[R]. Los Alamos National Laboratory Report LA-14353-MS, 2007.

[2] YU L, ZHU J H. Structural damage prognosis on truss bridges with end connector bolts [J]. J. Eng. Mech. 2017, 143(3): B4016002.

[3] VOGGU S, SASMAL S. Dynamic nonlinearities for identification of the breathing crack type damage in reinforced concrete bridges[J]. Struct. Health Monit, 2021, 20(1): 339-359.

[4] LI Y C, SUN W, JIANG R N, et al. Signal-segments cross-coherence method for nonlinear structural damage detection using free-vibration signals[J]. Adv. Struct. Eng. 2019, 23 (6): 1041-1054.

[5] LI Y C, JIANG R N, TAPIA J, et al. Structural damage identification based on short-time temporal coherence using free-vibration response signals[J]. Measurement, 2019, 151: 107209.

[6] LIANG B, IWNICKI S D, ZHAO Y. Application of power spectrum, spectrum, higher order spectrum and neural network analyses for induction motor fault diagnosis[J]. Mech. Syst. Signal Pr. 2013, 39: 342-360.

[7] NICHOLS J M, TODD M D, SEAVER M, et al. Use of chaotic excitation and attractor property analysis in structural health monitoring[J]. Phys. Rev. E., 2003, 67: 016209.

[8] TODD M D, NICHOLS J M, PECORA L M, et al. Vibration-based damage assessment utilizing state space geometry changes: local attractor variance ratio[J]. Smart Mater. Struct. 2001, 1000-1008.

[9] LI D Y, CAO M S, MANOACH E, et al. A multiscale reconstructed attractors-based method for damage identification in cantilever beams under impact hammer excitations[J]. J. Sound Vib., 2020, 495: 115925.

[10] PAI P F, LU H, HU J E, et al. Time-frequency method for nonlinear system identification and damage detection[J]. Struct. Health Monit., 2008, 7(2): 103-127.

[11] CHENG S, WU X, SWAMIDAS A, et al. Vibrational response of a beam with a breathing crack[J]. J. Sound Vib., 1999, 225(1): 201-208.

[12] SEMPERLOTTI F, WANG K W, SMITH E C. Localization of a breathing crack using super-harmonic signals due to system nonlinearity[J]. AIAA J., 2009, 47(9): 2076-2086

[13] GIANNINI O, CASINI P, VESTRONI F. Nonlinear harmonic identification of breathing cracks in beams[J]. Comput. Struct., 2013, 129: 166-177.

[14] PRAWIN J, RAO A R. Breathing crack detection using linear components and their physical insight[J]. Advances in Structural Vibration-Select Proceedings of ICOVP 2017, 2021: 73-84

[15] BOVSUNOVSKY A P, SURACE C. Considerations regarding superharmonic vibrations of a cracked beam and the variation in damping caused by the presence of the crack[J]. J. Sound Vib., 2005, 288(4-5): 865-886.

[16] REZAEE M, HASSANNEJAD R, et al. Free vibration analysis of simply supported beam with breathing crack using perturbation method[J]. Acta Mech. Solida Sin., 2010, 23(5): 459-470.

[17] AFTAB H, BANEEN U, ISRAR A. Identification and severity estimation of a breathing crack in a plate via nonlinear dynamics[J]. Nonlinear Dynam., 2021, 104: 1973-1989.

[18] DOUKA E, HADJILEONTIADIS L J. Time-frequency analysis of the free vibration response of a beam with a breathing crack[J]. NDT & E Int., 2005, 38(1): 3-10.

[19] YAN G R, STEFANO A, MATTA E, et al. A novel approach to detecting breathing-fatigue cracks based on dynamic characteristics[J]. J. Sound Vib., 2013, 332(2): 407-422.

[20] SUN W, LI Y C, JIANG R N, et al. Hilbert transform-based nonparametric identification of nonlinear ship roll motion under free-roll and irregular wave exciting conditions[J]. Ships Offshore Struc., 2022, 17(9): 1947-1963.

[21] FELDMAN M. Hilbert transform applications in mechanical vibration[M]. New York: John Wiley & Sons, 2011.

[22] WORDEN K, TOMLINSON G R. Nonlinearity in structural dynamics: Detection, Identification and Modelling[M]. London: Institute of Physics Publishing Ltd, 2001.

[23] NIE Z H, HAO H, MA H W. Using vibration phase space topology changes for structural damage detection[J]. Struct. Health Monit., 2012, 11(5): 538-557.

[24] HUANG Y H, CHEN J E, GE W M, et al. Research on geometric features of phase diagram and crack identification of cantilever beam with breathing crack[J]. Results Phys., 2019, 15: 102561.

[25] NAYFEH A H. Introduction to Perturbation Techniques[M]. New York: John Wiley & Sons, 1993.

9

基于 Volterra-Wiener 模型的非线性系统识别与损伤检测

9.1 引言

除了上述几章所介绍的信号统计分析、相干函数及时-频分析外,时间序列分析也是一种常用的线性/非线性系统辨识方法。利用参数模型对实测数据进行拟合,可以获得一些与结构固有特性相关的模型参数,从而实现系统的辨识及结构损伤检测[1-2]。

AR 模型(Auto-Regressive,自回归模型)和 ARMA 模型(Auto-Regressive and Moving Average model,自回归滑动平均模型)是最为经典的两种时间序列模型,在结构健康监测领域得到了广泛研究,如 Fugate 等[3]利用 AR 模型预测数据与实测数据的残差作为敏感性特征构建指标函数来实现结构损伤识别;Zugasti 等[4]基于 AR 模型来识别结构连接处的螺栓松动损伤;Sohn 和 Farrar[5]提出了一种两阶段式 ARX 模型(Auto-Regressive with eXogenous)来预测时间序列,然后将预测误差的标准差比(Standard Deviation Ratio)作为指标来检测结构损伤;Nair 等[6]利用 ARMA 模型的前三阶 AR 分量作为损伤敏感性特征来辨识和定位结构损伤。

AR 和 ARMA 模型为线性模型,因而上述研究均基于一个基本假定,即时间序列的预测误差服从正态分布[7]。但实际结构(尤其是含损伤结构)可能会存在非线性,此时预测误差的正态分布假定可能会导致损伤误诊。常见的损伤,如裂缝、连接松动、分层等,会使得初始为线性的结构呈现出非线性响应。这类非线性损伤很难利用线性模型来准确辨识[8]。鉴于此,学者们开始考虑利用非线性时间序列模型来开展研究。

常用的非线性时间序列模型有:NARMAX 模型(Nonlinear Auto-Regressive Moving—Average with eXogenous Inputs,非线性自回归滑动平均模型)、Hammerstein 模型和 Volterra 模型等。这些模型也不断被应用到结构健康监测领域,如 Huang[9]针对累积疲劳损伤造成的零件非线性特性,提出了一种改进的 PSO 自适应算法,以提高脉冲锤激励下 NARMAX 模型的精度,然后推导了一种新算法来估计矩形脉冲激励下的非线性输出频响函数,并以此为基础引入了输出频响函数指数,来检测零件中的累积疲劳损伤;Marc Rébillat[10]基于 Hammerstein 模型构建了两个损伤指标函数,用来开展线性和非线性损伤估计。结果证明,所构建的指标函数对损伤很敏感,且具有较强的噪声鲁棒性。

Volterra 模型[11]也是一种经典的非线性模型,可以用来解决很多非线性系统问题,已经在生物、电子等诸多领域得到了广泛应用。Tang 等[12]基于 Volterra 级数,利用不同点的振动信号作为输入/输出信号来检测转子结构的损伤;Luis[13]考虑了结构的初始非线性和不确定性对数据的影响,用两种方法对结构进行了非线性识别。结果表明:两种方法都可以用来检测结构的非线性及辨识结构的损伤;同样基于 Volterra 模型,Scussel 等[14]提出了只使用输出信号的非线性系统识别方法;Shcherbakov[15]采用逆 FFT 算法,在频域中定义了 G 泛函和 Wiener 核函数,提高了 Volterra-Wiener 在离散非线性系统中的计算效率,尤其是针对高阶核函数。

本章将介绍一种基于 Volterra-Wiener 模型的非线性系统辨识方法,并结合第 7 章介绍的短时时域相干函数法,将其应用于结构损伤检测。其基本思路是:首先识别系统在损伤前后的核函数;然后将核函数作为基本特征量来开展相干性分析,利用相干性分析的统计参数构建损伤判别指标,通过阈值法和统计法两种方式开展损伤识别。

9.2 Volterra-Wiener 模型基本理论

9.2.1 Volterra 模型

假定输入信号来自零均值的高斯白噪声信号,则连续时间的 Volterra 模型[16,17]可以表达为:

$$y(t) = h_0 + \int_{-\infty}^{\infty} h_1(\tau_1) x(t-\tau_1) \mathrm{d}\tau_1 + \int_{-\infty}^{\infty} \int_{-\infty}^{\infty} h_2(\tau_1, \tau_2) x(t-\tau_1) x(t-\tau_2) \mathrm{d}\tau_1 \mathrm{d}\tau_2 + \cdots$$
$$+ \int_{-\infty}^{\infty} \int_{-\infty}^{\infty} \cdots \int_{-\infty}^{\infty} h_n(\tau_1, \tau_2, \cdots, \tau_n) x(t-\tau_1) x(t-\tau_2) \cdots x(t-\tau_n) \mathrm{d}\tau_1 \mathrm{d}\tau_2 \cdots \mathrm{d}\tau_n + \cdots \quad (9.1)$$

其中 $y(t)$ 是系统的输入信号;$x(t)$ 为输出信号;h_0 为常数;$h_j(\tau_1, \tau_2, \cdots, \tau_j)$, $1 \leqslant j \leqslant \infty$ 定义为 j 阶 Volterra 核函数。

离散时间 Volterra 模型可以写为:

$$y(n) = h_0 + \sum_{k_1=0}^{\infty} h_1(k_1) x(n-k_1) + \sum_{k_1=0}^{\infty} \sum_{k_2=0}^{\infty} h_2(k_1, k_2) x(n-k_1) x(n-k_2) + \cdots$$
$$+ \sum_{k_1=0}^{\infty} \cdots \sum_{k_p=0}^{\infty} h_p(k_1, \cdots, k_p) x(n-k_1) \cdots x(n-k_p) + \cdots \quad (9.2)$$

随着 Volterra 模型阶次的增加,核函数的参数量将迅速递增,这使得模型的复杂度也随之变高。为了简单起见,采用截断的 Volterra 模型。p 阶截断的 Volterra 级数展开式可以表示为:

$$y(n) = h_0 + \sum_{k_1=0}^{M-1} h_1(k_1) x(n-k_1) + \sum_{k_1=0}^{M-1} \sum_{k_2=0}^{M-1} h_2(k_1, k_2) x(n-k_1) x(n-k_2) + \cdots$$

$$+ \sum_{k_1=0}^{M-1} \sum_{k_2=0}^{M-1} \cdots \sum_{k_p=0}^{M-1} h_p(k_1, k_2, \cdots, k_p) x(n-k_1) x(n-k_2) \cdots x(n-k_p) \tag{9.3}$$

其中 M 定义为记忆长度。对于更一般的形式,可以用 Volterra 算子 $y_i(n) (i=1, \cdots, p)$ 表示,则:

$$y(n) = \sum_{i=0}^{p} y_i(n) = y_0(n) + y_1(n) + y_2(n) + \cdots + y_p(n) \tag{9.4}$$

其中 $y_0(n) = h_0$ 是常数项;

$$y_i(n) = \sum_{k_1=0}^{M-1} \sum_{k_2=0}^{M-1} \cdots \sum_{k_i=0}^{M-1} h_i(k_1, k_2, \cdots, k_i) x(n-k_1) x(n-k_2) \cdots x(n-k_i), (i=1, \cdots, p) \text{ 代}$$

表第 i 个 Volterra 算子。对于高斯白噪声输入,这些算子缺乏正交性,这增加了 Volterra 核函数的识别难度。

9.2.2　Wiener 模型

为了解决上述问题,这里介绍 Volterra 模型的一种变形形式,称为 Wiener 模型,该模型具有正交性,其表达式为[16,17]:

$$y(n) = \sum_{i=0}^{p} G_i[k_i, x(n)] \tag{9.5}$$

其中,$G_i[k_i, x(n)], (i=1, \cdots, p)$ 是第 i 阶 Wiener 算子,由对称的 Wiener 核函数 k_i 来确定。

0 阶 Wiener 算子为 $G_0[k_0, u(t)] = k_0$,其中 k_0 是常数,也被称为 0 阶核。

m 阶 Wiener 算子可以写为:

$$G_m[k_m, x(n)] = \sum_{r=0}^{[m/2]} \sum_{i_1=0}^{M-1} \cdots \sum_{i_{m-2r}=0}^{M-1} k_{m-2r(m)}(i_1, i_2, \cdots, i_{m-2r}) x(n-i_1) \cdots x(n-i_{m-2r})$$
$$\tag{9.6}$$

其中 $[m/2]$ 是不大于 $m/2$ 的最大正整数。

$$k_{m-2r(m)}(i_1, i_2, \cdots, i_{m-2r}) = \frac{(-1)^r m! (A)^r}{(m-2r)! r! 2^r} \sum_{j_1=0}^{M-1} \cdots \sum_{j_r=0}^{M-1} k_m(\underbrace{j_1, j_1, \cdots, j_r, j_r}_{2r's}, \underbrace{i_1, i_2, \cdots, i_{m-2r}}_{(m-2r)'s})$$
$$\tag{9.7}$$

其中 A 是实数、平稳、零均值、高斯白噪声输入信号的强度(即 $x(n)$ 的二阶矩)。在这种情况下,Wiener 算子是一个正交级数,即:

$$R_{G_l G_m} = E\{G_l[k_l, x(n)] G_m[k_m, x(n)]\} = C_m \delta(l, m) \tag{9.8}$$

其中,$C_m = m! A^m \sum_{i_1=0}^{M} \sum_{i_2=0}^{M} \cdots \sum_{i_m=0}^{M} k_m(i_1, i_2, \cdots, i_m) k_m(i_1, i_2, \cdots, i_m)$;$\delta(l, m)$ 是 Kronecker Delta 函数,其满足:

$$\delta(l,m)=\begin{cases}1, & l=m\\0, & l\neq m\end{cases} \tag{9.9}$$

9.3　基于互相关函数的 Wiener 核函数识别

基于 Wiener 算子的正交性,可以利用输入和输出之间的互相关函数来计算核函数[16,17]。

0 阶 Wiener 核函数可表达为:

$$k_0=E[y(t)] \tag{9.10}$$

1 阶 Wiener 核函数表达式:

$$k_1(i_1)=\frac{1}{A}E[y(n)x(n-i_1)] \tag{9.11}$$

m 阶 Wiener 核函数定义为:

$$k_m(i_1,i_2,\cdots,i_m)=\frac{1}{m!A^m}E[y(n)x(n-i_1)x(n-i_2)\cdots x(n-i_m)] \tag{9.12}$$

对于任何非负 $i_1,i_2,\cdots,i_m$,核函数的表达式可以写为:

$$k_m(i_1,i_2,\cdots,i_m)=\frac{1}{m!A^m}E\Big[(y(n)-\sum_{n=0}^{m-1}G_n[k_n,x(n)])x(n-i_1)x(n-i_2)\cdots x(n-i_m)\Big] \tag{9.13}$$

由 Wiener 核函数,m 阶 Volterra 核函数可以写为:

$$h_m(k_1,k_2,\cdots,k_m)=\sum_{r=0}^{(p-m)/2}\frac{(-1)^r(m+2r)!A^r}{m!r!2^r}\sum_{j_1=0}^{M-1}\cdots\sum_{j_r=0}^{M-1}k_{m+2r}$$
$$(k_1,k_2,\cdots,k_m,j_1,j_1,\cdots,j_r,j_r) \tag{9.14}$$

9.4　基于核函数相干性分析的损伤识别方法

在 Volterra 模型中,核函数直接反映了系统的固有特性,因此利用输入和输出信号识别系统的核函数并对其进行对比分析,理论上是可以辨识系统是否发生改变的。

基于这一思路,将第 7 章所介绍的短时时域相干函数法(STC)引入本章,来分析核函数的变化,从而建立有效的损伤识别指标和辨别方法。

对于系统的一阶核函数 $h_1(k_i)$,可以视为线性系统的脉冲响应函数,可将其直接作为离散信号开展相干性分析;对于高阶核函数 $h_i(k_1,k_2,\cdots,k_i)$,$h_i\geq 2$,其维数较大,可将其(主)对角元作为离散信号开展相干性分析。

9.4.1　基准核函数与特征指标

利用白噪声激励对无损伤结构开展 N 次振动测试,利用 9.3 节所示方法识别其各阶

Volterra 核函数。对 N 次识别的核函数归一化并求平均，获得各阶基准核函数 h_i：

$$h_i = \frac{1}{N} \sum_{q=1}^{N} \left[h_{i,q} / \max(h_{i,q}) \right] \tag{9.15}$$

其中 $h_{i,q}$ 为第 q 次测试获得的第 i 阶核函数（$i = 1, 2, \cdots, p$，$q = 1, 2, \cdots, N$），$\max(h_{i,q})$ 为 $h_{i,q}$ 的最大值。当 $i \geqslant 2$ 时，$h_{i,q}$ 为该核函数的（主）对角元向量。

由于白噪声信号具有随机性，每次测试识别的核函数均有所不同，为了获得结构无损伤状态下核函数识别结果的统计特性，将每次识别的核函数 $h_{i,q}$ 视为离散时间序列，利用 STC 方法，对其与基准核函数 h_i 之间开展相干性分析，获得各阶核函数的峰值相干函数 $P_{h_{i,q}, h_i}(k_i)$，然后计算峰值相干函数的均值 $\beta_{i,q}$ 和最大值 $\gamma_{i,q}$，并将其作为特征指标：

$$\beta_{i,q} = \frac{1}{M} \sum_{k_i=0}^{M-1} \left(P_{h_{i,q}, h_i}(k_i) \right) \tag{9.16}$$

$$\gamma_{i,q} = \max(P_{h_{i,q}, h_i}(k_i)) \tag{9.17}$$

将 N 个 $\beta_{i,q}$ 和 $\gamma_{i,q}$ 作为变量分别开展正态分布拟合，估计其概率密度函数 $f(\beta_i)$ 和 $f(\gamma_i)$；两个特征指标的均值和方差分别记为 μ_{β_i}，μ_{γ_i} 和 σ_{β_i}，σ_{γ_i}。无损伤状态下，以上统计特性反映的是白噪声激励的随机性对系统核函数识别结果的影响。

9.4.2 损伤判别阈值法

利用白噪声激励对拟识别损伤的结构开展振动测试，同样利用激励和响应信号识别各阶 Volterra 核函数，记为 h_i^*（$i = 1, 2, \cdots, p$）。对 h_i^* 与基准核函数 h_i 进行 STC 分析，计算峰值相干函数 $P_{h_i^*, h_i}(k_i)$，并估计峰值相干函数的均值 β_i^* 和最大值 γ_i^* 作为特征指标：

$$\beta_i^* = \frac{1}{M} \sum_{k_i=0}^{M-1} \left(P_{h_i^*, h_i}(k_i) \right) \tag{9.18}$$

$$\gamma_i^* = \max(P_{h_i^*, h_i}(k_i)) \tag{9.19}$$

对于所识别的任意一阶核函数 h_i^* 对应的指标 β_i^* 和 γ_i^*，能够指示结构没有发生损伤的概率 $p_{\beta_i^*}$ 和 $p_{\gamma_i^*}$ 可通过单边统计假设检验来计算：

$$p_{\beta_i^*} = 1 - \int_{-\infty}^{\beta_i^*} f(\beta_i) \mathrm{d}\beta_i \tag{9.20}$$

$$p_{\gamma_i^*} = 1 - \int_{-\infty}^{\gamma_i^*} f(\gamma_i) \mathrm{d}\gamma_i \tag{9.21}$$

当选定某一置信水平，可以通过求解式（9.20）和式（9.21）来确定指标阈值 $\hat{\beta}_i$ 和 $\hat{\gamma}_i$。

理论上说，损伤的发生，会使得核函数 h_i^* 与基准核函数 h_i 之间的相干性降低，因此，如果 $\beta_i^* \leqslant \hat{\beta}_i$ 或 $\gamma_i^* \leqslant \hat{\gamma}_i$，则判定结构有损伤，否则结构无损伤。当指示结构有损伤的核函数阶次 $i = 1$ 时，说明结构发生线性损伤；当 $i \geqslant 2$ 时，说明结构发生非线性损伤。在以下数值研究中，取 $\hat{\beta}_i = \mu_{\beta_i} - 2\sigma_{\beta_i}$ 和 $\hat{\gamma}_i = \mu_{\gamma_i} - 2\sigma_{\gamma_i}$ 作为损伤阈值，其置信度水平为 97.5%。

由以上可以看出，阈值法辨识损伤的关键是用无损伤结构核函数相干性特征指标的概率密度函数 $f(\beta_i)$ 和 $f(\gamma_i)$ 来确定损伤判别阈值 $\hat{\beta}_i$ 和 $\hat{\gamma}_i$。

9.4.3　损伤判别统计法

上述阈值法可通过单次测试识别的核函数来构建特征指标开展损伤识别，其过程高效简单，但无法综合考虑测试和识别过程中的不确定因素。因此，为了克服这一不足，本章尝试采用多次测试并进行统计分析的方法研究损伤对核函数的影响，从而构建损伤识别的统计指标。

对拟识别损伤的结构开展 R 次振动测试并识别各阶核函数。第 j 次测试获得的第 i 阶核函数记为 $h_{i,j}^*$ $(i=1,2,\cdots,p，j=1,2,\cdots,R)$。同样，将 $h_{i,j}^*$ 与基准核函数 h_i 进行 STC 分析，计算峰值相干函数 $P_{h_{i,j}^*,h_i}(k_i)$，并获得峰值相干函数的均值 $\beta_{i,j}^*$ 和最大值 $\gamma_{i,j}^*$。分别将 R 个 $\beta_{i,j}^*$ 和 $\gamma_{i,j}^*$ 作为变量进行正态分布拟合，获得概率密度分布函数 $f(\beta_i^*)$ 和 $f(\gamma_i^*)$，其均值和方差记为 $\mu_{\beta_i^*}$，$\mu_{\gamma_i^*}$ 和 $\sigma_{\beta_i^*}$，$\sigma_{\gamma_i^*}$。

损伤的发生会使得结构实测核函数与基准核函数之间的相干性降低，因此将损伤识别的统计指标定义为：

$$\lambda_{\beta,i}^* = \frac{\mu_{\beta_i} - \mu_{\beta_i^*}}{\mu_{\beta_i}} \times 100\% \tag{9.22}$$

$$\lambda_{\gamma,i}^* = \frac{\mu_{\gamma_i} - \mu_{\gamma_i^*}}{\mu_{\gamma_i}} \times 100\% \tag{9.23}$$

如果 $0 < \lambda_{\beta,i}^* \leqslant 1$ 或 $0 < \lambda_{\gamma,i}^* \leqslant 1$ 则表示结构发生了损伤。当指示结构有损伤的核函数阶次 $i=1$ 时，说明结构发生线性损伤；当 $i \geqslant 2$ 时，说明发生非线性损伤。

9.5　结构损伤识别数值算例

本节以一个铝制悬臂梁[8]为算例，来研究基于 Volterra-Wiener 模型的结构线性/非线性损伤识别方法。如图 9.1 所示，梁端配有一集中质量块，采用一电磁激振器施加高斯白噪声激励，并用一个传感器拾取其位移信号。

无损伤状态下，假定结构为线弹性，其单自由度振动方程可写为：

$$m\ddot{u}(t) + c\dot{u}(t) + ku(t) = F(t) \tag{9.24}$$

其中 $m = 0.26\,\text{kg}$，$c = 1.36\,\text{N·s/m}$，$k = 5\,490\,\text{N/m}$。$F(t)$ 为白噪声激励，采用 MATLAB 中 $\text{randn}(n)$ 函数来模拟：$F(t) = 10 \times \text{randn}(n)$，其中 n 为激励信号时间序列的长度。

假定结构在支座附近出现小损伤，损伤类型不确定，可能会引起线性刚度 k 的减小，也可能会引起系统非线性响应。为探讨方法的适用性，本算例对线性和非线性损伤两种情况分别进行研究。

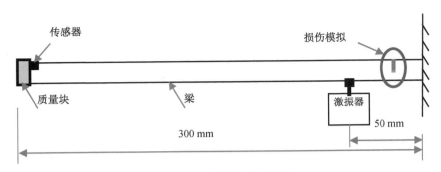

图 9.1 悬臂铝梁仿真模型

9.5.1 线性损伤识别

（1）结构损伤模拟

假定结构损伤前后均为线性系统,即损伤只会引起结构线刚度系数 k 的降低,其振动方程可写为:

$$m\ddot{u}(t) + c\dot{u}(t) + k(1-\alpha)u(t) = F(t) \tag{9.25}$$

为研究损伤指标的敏感性,设置 5 种工况:包含 1 种无损伤工况和 4 种损伤工况,如表 9.1 所示。利用四-五阶龙格-库塔方法求解振动方程,将位移解作为结构的实测振动响应。如图 9.2 所示为无损伤工况下,白噪声激励与结构振动响应信号时程及其时频谱。

表 9.1 线性损伤工况

工况	无损伤	工况 1	工况 2	工况 3	工况 4
α	0	5%	10%	20%	30%
模拟次数/次	50	20	20	20	20

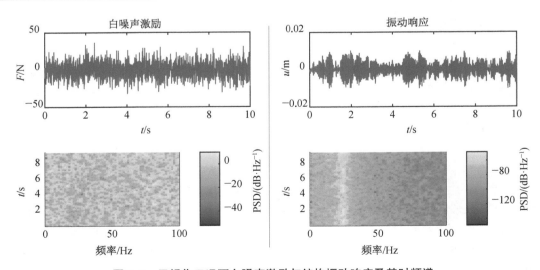

图 9.2 无损伤工况下白噪声激励与结构振动响应及其时频谱

（2）无损伤结构核函数识别及 STC 分析

采用一阶 Volterra-Wiener 模型,利用每次模拟的激励信号和响应信号识别无损伤工况下结构的一阶核函数,其中采样记忆长度 M 取为 200。图 9.3(a) 为利用其中某次模拟信号所识别的一阶 Volterra 核函数。对 50 次识别的核函数求平均,获得一阶基准核函数 h_1,如图 9.3(b) 所示。

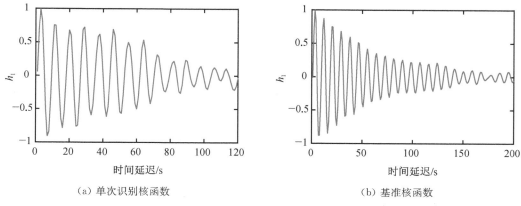

(a) 单次识别核函数   (b) 基准核函数

图 9.3　无损伤工况下结构的一阶核函数

利用 STC,将各次识别的核函数与基准核函数进行相干性分析,获得各峰值相干函数 PCF,并进一步开展统计分析,计算 PCF 的均值 β_1 和最大值 γ_1。 如图 9.4 所示为某次模拟信号对应的核函数与基准核函数之间的 PCF 曲线及其均值 β_1 和最大值 γ_1。

分别将 50 个 PCF 的均值和最大值进行正态分布拟合,获得概率密度函数 $f(\beta_1)$ 和 $f(\gamma_1)$,如图 9.5 所示,其均值和方差分别为 $\mu_{\beta_1}=0.831$,$\mu_{\gamma_1}=0.970\,5$ 和 $\sigma_{\beta_1}=0.058\,1$,$\sigma_{\gamma_1}=0.016\,2$。

对无损伤结构核函数的 PCF 特征指标进行统计分析后,可以选取一定的置信度水平来确定损伤判别阈值。该算例中取其置信度水平为 97.5%,则两个特征指标的损伤判别阈值分别为 $\hat{\beta}_1=\mu_{\beta_1}-2\sigma_{\beta_1}=0.714\,8$ 和 $\hat{\gamma}_1=\mu_{\gamma_1}-2\sigma_{\gamma_1}=0.938\,1$。

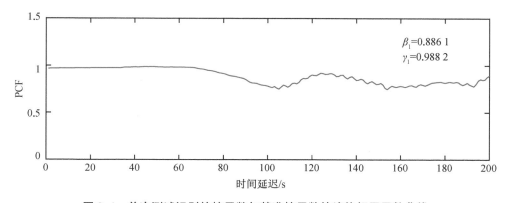

图 9.4　单次测试识别的核函数与基准核函数的峰值相干函数曲线

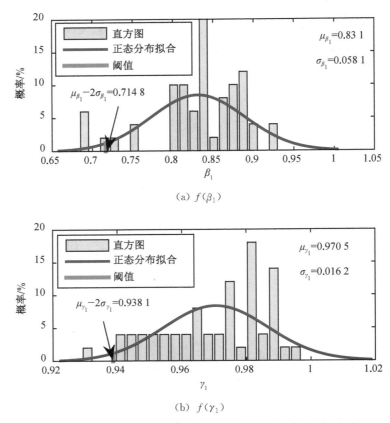

图 9.5　无损伤工况一阶核函数 PCF 统计特征及损伤判别阈值

（3）阈值法损伤识别

采用一阶 Volterra-Wiener 模型,利用模拟的激励信号和响应信号识别各损伤工况下结构的一阶核函数,其中采样记忆长度 M 取为 200。将识别的核函数 h_1^* 与基准核函数 h_1 进行 STC 分析,计算 PCF 及其均值 β_1^* 和最大值 γ_1^*。

图 9.6 所示为各损伤工况下,利用单次模拟信号识别的核函数与基准核函数之间的 PCF 特征指标。从图中可以看出,对于工况 1, β_1^* 并不小于阈值 $\hat{\beta}_1 = 0.714\,8$,即在小损伤下,该指标不能识别损伤的发生。其他损伤工况下,指标 β_1^* 和 γ_1^* 均小于指标阈值 $\hat{\beta}_1$ 和 $\hat{\gamma}_1$,即能指示结构有损伤,且随着损伤程度的提高,指标值不断降低。

由于白噪声激励具有很大的随机性,利用单次测试数据进行损伤识别其可信度并非为 100%。为了进一步探讨阈值法的敏感性,定义参数 $\delta_{\beta,i}$ 和 $\delta_{\gamma,i}$:

$$\delta_{\beta,i} = \frac{r_{\beta,i}}{R} \times 100\% \tag{9.26}$$

$$\delta_{\gamma,i} = \frac{r_{\gamma,i}}{R} \times 100\% \tag{9.27}$$

其中 $\delta_{\beta,i}$ 和 $\delta_{\gamma,i}$ 为利用第 i 阶核函数构建的损伤识别指标 $\beta_{i,j}^*$ 和 $\gamma_{i,j}^*$（$j = 1,2,\cdots,R$）小于相

应阈值 $\hat{\beta}_i$ 和 $\hat{\gamma}_i$ 的概率,即能识别结构损伤的概率;$r_{\beta,i}$ 和 $r_{\gamma,i}$ 为利用指标 $\beta_{i,j}^{*}$ 和 $\gamma_{i,j}^{*}$ 识别出损伤的次数;R 为测试识别总次数。

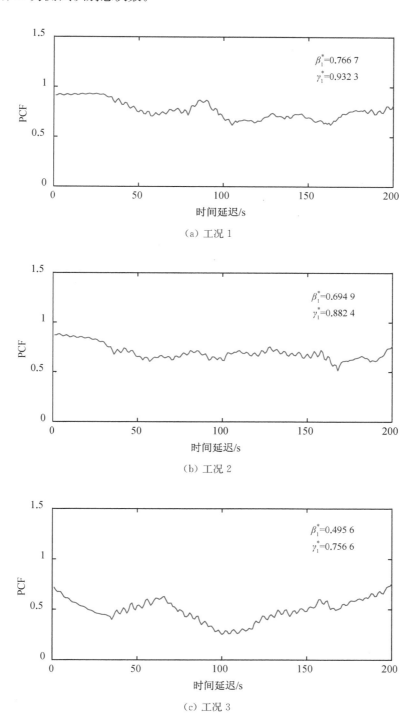

(a) 工况 1

(b) 工况 2

(c) 工况 3

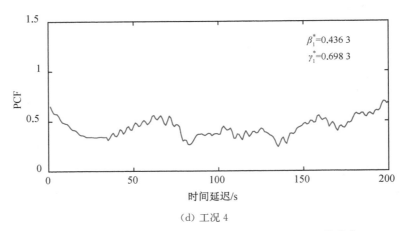

（d）工况 4

图 9.6　损伤结构核函数与基准核函数的峰值相干函数曲线

对各损伤工况开展 20 次振动测试模拟和损伤识别，然后对所有损伤识别的结果进行统计。各指标在不同损伤水平下的识别率如图 9.7 所示，从图中可以看出，对于小损伤（$\alpha=5\%$），阈值法的损伤识别率非常低，其中 β_1^* 的识别率为 0，而 γ_1^* 的识别率只有 10%；当损伤程度为 10% 时，β_1^* 的识别率也只有 35%，γ_1^* 的识别率能达到 75%；当损伤程度达到 20% 和 30% 时，两个指标均能通过阈值法 100% 识别到损伤的发生。

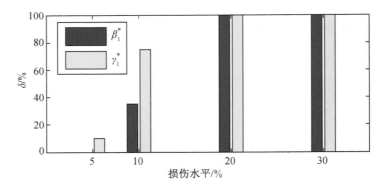

图 9.7　阈值法各指标的损伤识别率

（4）统计法损伤识别

将各损伤工况下 20 次测试、识别和计算的特征指标 $\beta_{1,j}^*$ 和 $\gamma_{1,j}^*$（$j=1,2,\cdots,20$）分别作为变量进行正态分布拟合，计算概率密度分布函数 $f(\beta_1^*)$ 和 $f(\gamma_1^*)$，如图 9.8 所示。从图中可以看出，损伤的发生会使得峰值相干函数指标的均值降低，概率密度曲线左移，即损伤的发生会使得结构实测核函数与基准核函数之间的相干性降低。

根据式（9.23）和式（9.24）构建损伤识别统计指标，如图 9.9 所示。$\beta_{1,j}^*$ 和 $\gamma_{1,j}^*$（$j=1,2,\cdots,20$）的统计指标 $\lambda_{\beta,1}^*$ 和 $\lambda_{\gamma,1}^*$ 均小于 1，即能准确识别损伤的发生。相比较而言，$\lambda_{\beta,1}^*$ 对损伤更敏感。

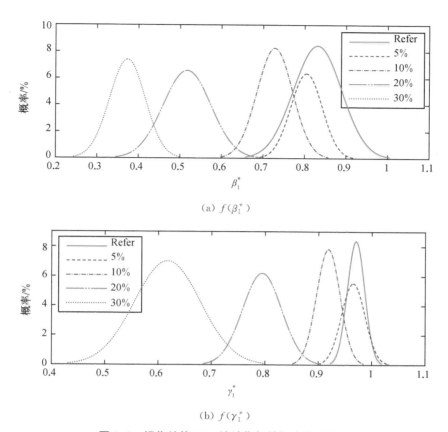

(a) $f(\beta_1^*)$

(b) $f(\gamma_1^*)$

图 9.8　损伤结构 PCF 统计指标的概率密度曲线

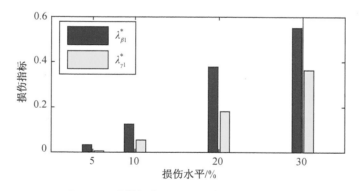

图 9.9　线性损伤工况下损伤识别统计指标

9.5.2　非线性损伤识别

为了验证本章所介绍的基于 Volterra 核函数的损伤识别方法在非线性损伤识别中的可靠性,假定结构存在二次非线性,其运动方程写为:

$$m\ddot{u}(t)+c\dot{u}(t)+ku(t)+k_2u(t)^2=F(t) \tag{9.28}$$

其中 k_2 为二次非线性刚度系数。在本研究中将探讨不同非线性程度下，其 Volterra 核函数的特性，从而为非线性损伤的诊断与识别提供一定的定性、定量依据。

本算例共设置了 3 种不同程度的非线性工况，如表 9.2 所示。同样采用四一五阶龙格库塔方法求解振动方程，将位移解作为结构的实测振动响应。为了方便统计分析，每种工况模拟 20 次。

表 9.2　二次非线性损伤工况

工况	初始状态	损伤工况 1	损伤工况 2
m/kg	0.26	0.26	0.26
$c/(\text{N} \cdot \text{s} \cdot \text{m}^{-1})$	1.36	1.36	1.36
$k_1/(\text{N} \cdot \text{m}^{-1})$	5.49×10^3	5.49×10^3	5.49×10^3
$k_2/(\text{N} \cdot \text{m}^{-1})$	5.24×10^2	5.24×10^3	5.24×10^4
模拟次数/次	20	20	20

（1）初始状态核函数及 STC 分析

采用二阶 Volterra-Wiener 模型，利用每次模拟的激励信号和响应信号识别初始状态下结构的一阶和二阶核函数。利用公式（9.15）对 20 次识别的核函数求平均，获得一阶和二阶基准核函数，如图 9.10 所示。其中图 9.10(b) 所示为二阶核函数矩阵的对角元向量。

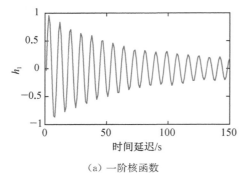

（a）一阶核函数

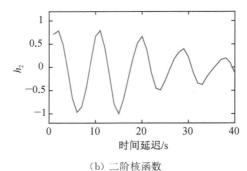

（b）二阶核函数

图 9.10　非线性系统基准核函数

利用 STC，将各次识别的核函数与基准核函数之间进行相干性分析，获得 PCF 并计算特征指标 β_1，β_2 和 γ_1，γ_2。分别将 20 组指标值进行正态分布拟合，获得概率密度函数 $f(\beta_1)$、$f(\beta_2)$、$f(\gamma_1)$ 和 $f(\gamma_2)$。如图 9.11 和图 9.12 所示。分别取 $\hat{\beta}_1 = \mu_{\beta_1} - 2\sigma_{\beta_1} = 0.753\,7$，$\hat{\gamma}_1 = \mu_{\gamma_1} - 2\sigma_{\gamma_1} = 0.945\,2$ 和 $\hat{\beta}_2 = \mu_{\beta_2} - 2\sigma_{\beta_2} = 0.549\,5$，$\hat{\gamma}_2 = \mu_{\gamma_2} - 2\sigma_{\gamma_2} = 0.666\,8$，作为线性和二次非线性损伤指标的阈值，其置信度水平为 97.5%。

（3）阈值法损伤识别

同样采用二阶 Volterra-Wiener 模型，利用每次模拟的激励信号和响应信号识别各损伤工况下结构的一阶和二阶核函数，其中采样记忆长度 M 仍然取为 200。将每次识别的核函数 $h^*_{1,j}$ 和 $h^*_{2,j}$ 分别与基准核函数 h_1 和 h_2 进行 STC 分析，计算峰值相干函数 PCF，并获得 PCF 的均值 $\beta^*_{1,j}$，$\beta^*_{2,j}$ 和最大值 $\gamma^*_{1,j}$，$\gamma^*_{2,j}$，其中 $j = 1, 2, \cdots, 20$。

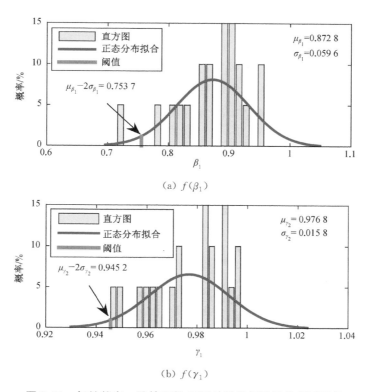

（a）$f(\beta_1)$

（b）$f(\gamma_1)$

图 9.11 初始状态一阶核函数 PCF 统计特征及损伤判别阈值

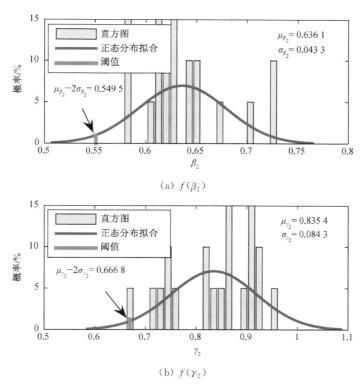

（a）$f(\beta_2)$

（b）$f(\gamma_2)$

图 9.12 初始状态二阶核函数 PCF 统计特征及损伤判别阈值

图 9.13 所示为利用某一次模拟信号识别的核函数与基准核函数开展 STC 分析,并用阈值法进行损伤识别的结果。从图中可以看出,对于两个非线性损伤工况,β_1^* 和 γ_1^* 并不小于阈值 $\hat{\beta}_1 = 0.7537$ 和 $\hat{\gamma}_1 = 0.9452$,该结果说明结构未发生线性损伤;而由二阶核函数所构建的损伤指标 β_2^* 和 γ_2^* 均小于损伤判别阈值 $\hat{\beta}_2$ 和 $\hat{\gamma}_2$,即能指示出结构存在二次非线性损伤,且随着损伤程度的提高,指标值有所降低。该识别结果与实际损伤情况一致。

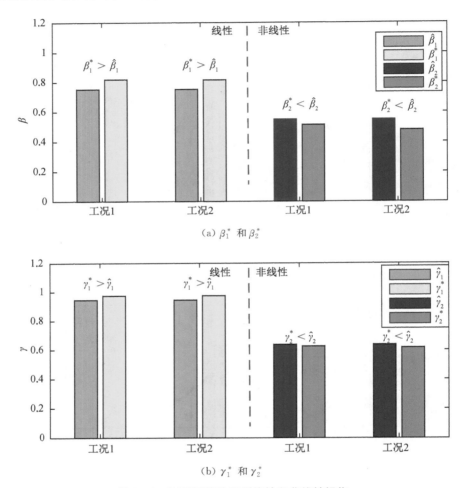

(a) β_1^* 和 β_2^*

(b) γ_1^* 和 γ_2^*

图 9.13　利用阈值法识别线性和非线性损伤

对在两种非线性损伤工况下,利用阈值法开展的 20 次损伤识别的结果进行统计,得到不同损伤水平下各指标的损伤识别率如图 9.14 所示。从图中可以看出,两个线性指标给出的识别率均小于 5%,这说明两种工况均未发生线性损伤;而两个二次非线性指标给出的损伤识别率均高于 75%,这说明结构存在二次非线性损伤。该结果与实际情况相符。

(4) 统计法损伤识别

将两个非线性损伤工况下所计算的线性和二次非线性指标 $\beta_{1,j}^*$、$\beta_{2,j}^*$、$\gamma_{1,j}^*$ 和 $\gamma_{2,j}^*$($j = 1, 2, \cdots, 20$)分别作为变量进行正态分布拟合,计算概率密度分布函数 $f(\beta_1^*)$、$f(\beta_2^*)$、$f(\gamma_1^*)$ 和 $f(\gamma_2^*)$,如图 9.15 所示。从图中可以看出,对于线性指标函数 $\beta_{1,j}^*$ 和 $\gamma_{1,j}^*$,其概率

密度曲线没有明显变化;而二次非线性指标函数的均值会随着损伤的发生明显减小,概率密度曲线明显左移,即损伤结构的二阶核函数与基准核函数之间的相干性明显降低。

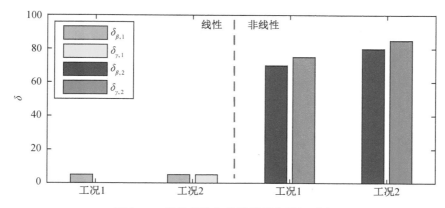

图 9.14　线性损伤和非线性损伤的识别率

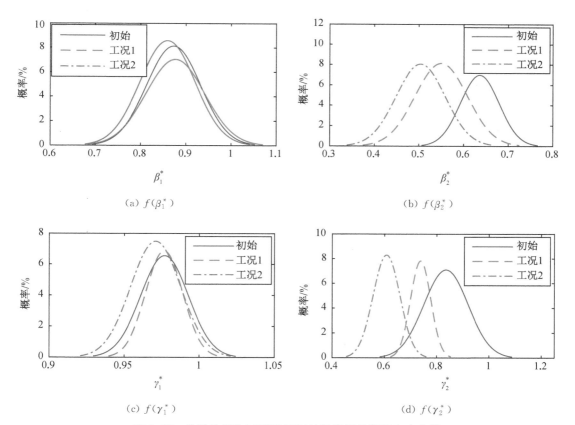

(a) $f(\beta_1^*)$　　　　　　　　　(b) $f(\beta_2^*)$

(c) $f(\gamma_1^*)$　　　　　　　　　(d) $f(\gamma_2^*)$

图 9.15　非线性损伤工况下 PCF 统计指标的概率密度曲线

根据式(9.22)和式(9.23)构建损伤识别统计指标,如图 9.16 所示。线性统计指标 $\lambda_{\beta,1}^*$ 和 $\lambda_{\gamma,1}^*$ 的数值均接近于 0,说明结构未发生线性损伤;而二次统计指标 $\lambda_{\beta,2}^*$ 和 $\lambda_{\gamma,2}^*$ 的计算结果均明显大于零,说明结构发生了二次非线性损伤。该结果与实际情况相符,证明了两种统计指标均能够准确识别结构的损伤及其类型。另外，与线性损伤工况识别结果类似，$\lambda_{\gamma,2}^*$ 相较于 $\lambda_{\beta,2}^*$ 对二次非线性损伤更敏感。

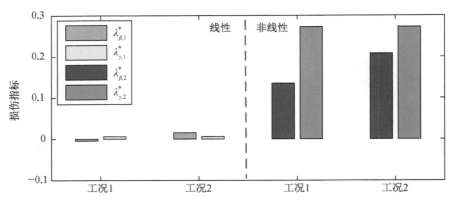

图 9.16　线性和非线性损伤识别统计指标

9.6　本章小结

本章介绍了基于 Volterra-Wiener 模型的非线性系统辨识方法，并利用短时时域相干函数法分析结构损伤前后 Volterra 核函数的变化，以此来构建特征指标识别结构的线性和非线性损伤。根据白噪声激励下 Volterra 核函数识别结果的统计特性，提出了两种损伤辨识方法：阈值法和统计法，并利用数值算例对方法的有效性和各特征指标的敏感性进行了探讨。

阈值法需要根据无损伤工况下各特征指标的概率密度分布，利用统计假设检验来确定损伤判别阈值。一旦判别阈值确定，即可利用单次测试并识别得到的 Volterra 核函数与基准核函数之间的 PCF 特征指标来开展损伤识别。该方法计算效率较高，但对小损伤的敏感性不高，容易引起损伤漏判。

统计法则是对多次测试识别的核函数与基准核函数之间的相干性特征指标进行统计分析，通过 PCF 特征指标的概率密度函数及其基本统计量来开展损伤识别。虽然测试和计算量较大，但该方法可以较准确、较灵敏地识别损伤的发生，识别结果的可信度较高。

在应用中，可以根据实际工程情况选用或者进行多指标、多方法综合判定。

参考文献

［1］FARRAR F C R，WORDEN K，TODD M D，et al. Nonlinear system identification for damage detection［R］. Los Alamos National Laboratory，2007.

［2］WEI W W S. Time series analysis［M］//The Oxford Handbook of Quantitative Methods in Psychology：Vol. 2，2006.

［3］FUGATE M L，SOHN H，FARRAR C R. Vibration-based Damage Detection Using Statistical Process Control[J]. Mechanical Systems and Signal Processing, 2001, 15(4), 707 - 721.

[4] ZUGASTI E, GÓMEZ GONZÁLEZ A, ANDUAGA J, et al. NullSpace and AutoRegressive damage detection: a comparative study[J]. Smart Materials & Structures, 2012, 21(8): 85-93

[5] SOHN H, FARRAR C R, HEMEZ F M, et al. A Review of structural health review of structural health monitoring literature: 1996-2001[R]. Los Alamos National Laboratory Report, 2002.

[6] NAIR K K, KIREMIDJIAN A S, LAW K H. Time series-based damage detection and localization algorithm with application to the ASCE benchmark structure[J]. Journal of Sound & Vibration, 2006, 291(1-2): 349-368.

[7] YU L, ZHU J H. Nonlinear damage detection using higher statistical moments of structural responses[J]. Structural Engineering & Mechanics, 2015, 54(2): 221-237.

[8] SHIKI S B, SILVA S DA, TODD M D. On the application of discrete-time Volterra series for the damage detection problem in initially nonlinear systems[J]. Structural Health Monitoring, 2017, 16(1): 62-78.

[9] HUANG H, MAO H, MAO H, et al. Study of cumulative fatigue damage detection for used parts with nonlinear output frequency response functions based on NARMAX modelling [J]. Journal of Sound and Vibration, 2017: 411.

[10] MARCRÉBILLAT, RAFIK HAJRYA, NAZIH MECHBAL. Nonlinear structural damage detection based on cascade of Hammerstein models[J]. Mechanical Systems and Signal Processing, 2014, 48(1-2): 1-3.

[11] VOLTERRA V. Theory of Functionals and of Integral andIntegro-differential Equations [M]. New York: Dover Publications, 1959.

[12] TANG H, LIAO Y H, CAO J Y, et al. Fault diagnosis approach based on Volterra models [J]. Mechanical Systems and Signal Processing, 2009, 24(4): 1-4.

[13] VILLANI L G G, SILVA S, AMERICO C. Damage detection in uncertain nonlinear systems based onstochastic Volterra series[J]. Mechanical Systems and Signal Processing, 2019, 125: 288-310.

[14] SCUSSEL O. SILVA S. Output-Only Identification of Nonlinear Systems Via Volterra Series[J]. Journal of vibration and acoustics: Transactions of the ASME, 2016, 138: 041012.

[15] SHCHERBAKOV M A. Fast estimation of Wiener kernels of nonlinear systems in the frequency domain[C]//Proceedings of the IEEE Signal Processing Workshop on Higher-Order Statistics. IEEE, 1997.

[16] OGUNFUNMI T. Adaptive Nonlinear System Identification—The Volterra and Wiener Model Approaches [M]. Berlin: Springer, 2007.

[17] RUGH W J. Nonlinear system theory—The Volterra/Wiener Approach[D]. Baltimore: Johns Hopkins University, 1981.